19 feuilles p. 450
explication de figures en 2 planches
la heure en la description de l'orsello de M : mery est à la fin e commence à la p. 414.

EXPLICATION
MECHANIQUE ET PHYSIQUE
DES FONCTIONS
DE
L'AME SENSITIVE,
OU
DES SENS, DES PASSIONS, ET DU MOUVEMENT VOLONTAIRE.

Où l'on a ajoûté une Description des organes des Sens.

Discours sur la generation du Laict.

Dissertation contre la nouvelle opinion, qui pretend que tous les animaux sont engendrez d'un œuf.

Réponse aux raisons par lesquelles le sieur Galatheau prétend établir l'Empire de l'homme sur tout l'Univers.

Avec une Addition Curieuse.

SECONDE EDITION.

Par M. LAMY, *Docteur en Medecine de la Faculté de Paris.*

A PARIS,

Chez LAMBERT ROULLAND, Imprimeur-Lib. Ord. de la Reyne, ruë S Jacques, aux Armes de la Reyne.

M. DC. LXXXI.

Avec Approbation & Permission.

PREFACE

Qu'il faudra necessairement relire aprés avoir examiné la description de l'oreille, dans le Chapitre X.

J'AVOIS soupçonné avec raison dans ma description de l'oreille, qu'on pourroit trouver dans cette partie d'autres nerfs que ceux qu'on m'avoit fait Ch. 10. p. 84.

remarquer, & ſur cette idée j'engagé Monſieur Mery à examiner encore la choſe de plus prés qu'il n'avoit fait juſqu'à ce temps-là. Il a ſuivy mon conſeil & a fort heureuſement réüſſi dans ſa recherche; la partie molle du nerf auditif proche la baſe de la coquille, où elle ſe termine ſans la penetrer, ou du moins ſans que j'aye pû l'apercevoir, produiſt un petit rameau qui par un trou proportionné à ſa groſſeur entre dans le centre du labirinthe, où il ſe diviſe en trois branches, dont chacune entre par un trou de chaque anneau du labirinthe, & parcourant toute ſa circonference interieurement reſſort par l'autre trou, & ſe reüniſt à ſoy-meſme, ce qui fait qu'elle produiſt un cercle entier qui eſt preſque tout enfermé dans la cavité du canal oſſeux de l'anneau. J'ay vû cette diſtribution de nerf dans deux oreilles de differens enfans, & vray ſemblablement elle ſe rencontre en tous ceux qui n'ont point de vice de conformation dans ces parties. Monſieur Mery a dit dans ſa deſcription qui n'étoit pas encore imprimée avant cette découverte, que ce nerf ſe diviſe en cinq branches, parce qu'il a pris la partie qui entre & celle qui reſſort de chaque anneau pour deux branches differentes, c'eſt à peu prés la meſme choſe diverſement conceuë, & diverſement expliquée.

Cette découverte me paroiſt la plus utile de toutes celles qu'on a faites juſqu'icy dans l'oreille, pour nous faire connoiſtre le principal organe où ſe fait la perception du ſon, qui juſqu'à preſent avoir eſté fort caché, ou pour mieux dire connu de tres-peu de gens; car il eſt vray-ſemblable que ce ſont ces branches de nerf tenduës dans le centre du labirinthe, comme les cordes d'un inſtrument de muſique; qui par cette diſpoſition ſont plus faciles à ébranler que ſi elles eſtoient immediatement appliquées ſur un os, comme elles le ſont hors le centre du labirinthe dans les trois anneaux ou cercles oſſeux.

Il n'eſt pas mal-aiſé de concevoir que l'air agité par

les corps résonnans, donnant une secousse à la grande membrane du tambour, ébranle necessairement le marteau, l'enclume, & l'étrier, qui sont articulés les uns avec les autres. Or la secousse de l'etrier dont la base bouche le trou ovalaire, qui fait l'entrée du centre du labirinthe, se communique necessairement à l'air enfermé dans ce centre, & par consequent aux brâches du nerf qui y sont tenduës.

On peut encore imaginer la chose d'une autre maniere, & dire que la base de l'etrier ne bouche pas si exactement le trou ovalaire, qu'il n'y ait communication de l'air contenu dans la caisse du tambour, avec celuy qui est enfermé dans le centre du labirinthe, & qu'ainsi l'air contenu dans la caisse du tambour, agité par la secousse de la grande membrane, communique son mouvement à celuy qui est dans le centre du labirinthe, d'où il arrive que les branches du nerf qui y sont tenduës en reçoivent l'impression.

Il y a mesme une troisiéme maniere de concevoir l'ébranlement de ces nerfs. Car l'on pourroit penser que la grande membrane du tambour estant frappée par l'impulsion de l'air, transmet cette agitation à la membrane de la fenestre ronde, qui est vis-à-vis d'elle, à peu prés de la mesme maniere que dans les tambours, c'est-à-dire par le moyen de l'air contenu entre les deux membranes. Or cette membrane de la fenestre ronde estant ainsi agitée, peut donner du mouvement à l'air contenu dans la coquille, qui se continuë juſqu'au centre, comme il eſt aiſé de comprendre ſi l'on a bien concû la ſtructure de la coquille, & la diſpoſition de ces deux canaux.

Mais ſoit que les branches du nerf contenuës dans le centre du labirinthe, ſoient ébranlées de quelqu'une de ces trois manieres, ou de quelque autre que l'on pourroit peut-eſtre encore imaginer, il eſt conſtant que de toutes les parties de l'oreille qui me ſont connuës & que j'ay décrites, il n'y en a point qu'on puiſſe plus vray-semblablement établir pour le principal organe de l'oüie, comme il est aisé de le connoistre si on y fait une serieuse reflexion.

De cette découverte on peut inferer qu'outre l'usage que j'ay donné dans ma description aux anneaux ou cercles du labirinthe, ils ont encore celuy de tenir les branches du nerf tenduës & suspenduës dans le centre, ce qui fait quelles peuvent estre ébranlées plus facilement.

Je ne puis me persuader que les muscles que Monſieur Mery fait obſerver aux petits os de l'oreille, ſervent en aucune maniere à la perception du ſon, qui ne dépend directement que des corps réſonans, de l'air agité, des conduits par où il paſſe, & du nerf qui reçoit l'impreſſion. Car cette perception non plus que celle des autres ſens, n'eſt pas du genre des fonctions qui ſe font par le moyen des muſcles, comme la reſpiration & le mouvement volontaire. On pourroit plûtoſt conjecturer, ſi ce ſont de veritables muſcles, comme en effet ils paroiſſent tels, qu'ils ſervent à une maniere de reſpiration, qui vray-ſemblablement ſe fait dans l'oreille, & qu'on obſerve manifeſtement dans les grenoüilles à ce qu'en rapportent ceux qui l'ont vû, en remarquant le mouvement de la grande membrane du tambour, qui ſuit celuy de la poitrine.

En effet, l'air quand on inſpire entrant dans le tambour par le canal qu'improprement on nomme laqueduc, il n'en peut reſſortir qu'au temps de l'expiration,

& cela ne peut ſe faire ſans que la grande membrane du tambour ſoit pouſſée par l'entrée de l'air vers le conduit de l'oreille externe, & retourne vers la caiſſe du tambour quand il reſſort.

Cependant il n'eſt pas facile de déterminer ſi quelqu'un des muſcles des petits os contribuë au retour de la membrane, car pour ſon mouvement vers le conduit de l'oreille, c'eſt l'air ſeul qui le cauſe; on ne peut pas non plus ſçavoir certainement ſi par leur moyen l'étrier eſt élevé ou abaiſſé, pour laisser entrer & sortir l'air du labirinthe, afin qu'il se renouvelle. Je n'ay point encore assez medité sur cette matiere, & mes conjectures me paroissent trop incertaines pour les donner au public, quand on détermine avec trop de precipitation l'usage de quelques parties nouvellement découvertes, on est fort sujet à se tromper.

Il est fort aisé de connoistre par tout ce que je viens de dire dans cette Preface, ma franchise & ma bonne foy, puisqu'en faisant r'imprimer la feüille de mon Livre, où l'on trouvera la deſcription de l'oreille; j'euſſe pû inſerer la diſtribution du nerf dans le labirinthe, & perſuader par ce moyen que ſur cette matiere, rien n'eſtoit échapé à ma connoiſſance. Mais aucontraire, j'avouë que je n'avois point encore apperçû les diviſions de ce nerf quand je la fis, ny meſme lorſque j'en parlé le Careſme dernier aux Ecolles de Medecine. Il n'y a qu'environ deux mois que je les connois, & que Monſieur Mery les a trouvées. Je ne suis pas du caractere de celuy qui se vante d'avoir découvert le premier tout ce qu'il y a de curieux dans l'anatomie, ou du moins d'en avoir apporté la nouvelle en France, c'est à mon sens une folle vanité. Je ne puis m'empescher de rire des recits qu'on me fait de ses discours. Il rend les moindres bagatelles admirables, tout ce qu'il fait voir est surprenant. Il s'exprime toûjours en termes pleins d'une ridicule presomption, & redit sans cesse pour se faire admirer. *C'est moy qui le premier ay découvert ce nerf, cette membrane, ce muscle, la figure de ce petit os*, & ainsi du reste; *il n'y a personne avant moy qui en ait parlé, remarqués l'adresse qu'il faut avoir pour dissequer avec tant de propreté, voyez que cela est beau, (il n'y a que moy qui puisse le monstrer)* en un mot il n'y a point de tabarin sur le Pont-neuf, qui décrive la vertu de ses drogues d'une maniere plus exagerante & plus bouffonne. Que feroit-il s'il avoit découvert des mines aussi riches que celles du Perou, puisqu'il se donne tant d'encens quand il a trouvé, ou pour mieux dire quand il fait croire qu'il a trouvé quelque nerf ou quelque veine, qui sont de simples curiositez qui ne servent qu'à occuper le loisir de ceux qui n'ont rien à faire. Il est tellement entesté de son merite, que comme un chevalier errant il veut se battre contre tous ceux qui refusent de le reconnoistre pour incomparable; mais on se moque de ses visions, comme de celles du Chevalier de la Manche, &

quoy qu'il puiſſe faire, on luy refuſe le combat par la compaſſion qu'on a de ſa foibleſſe. On aime mieux luy accorder le titre de vray miroir de la chevalerie errante dans les ſciences, que de luy diſputer cette noble qualité. Cependant on ſçait bien que par ſes manieres il ébloüit beaucoup de gens, mais il ne ſçauroit tromper les connoiſſeurs qui le conſiderent comme un vers luiſant, qui de loin à l'éclat des pierres precieuſes, & quand on s'en approche on voit que ce n'eſt qu'un miserable insecte.

Au reste, qu'on ne s'étonne point si dans ce Livre j'ay dit en quelques endroits, les Auteurs des Essays de Physique, quoy qu'ils ne portent le nom que d'un seul. C'est qu'un autre que celuy dont ils portent le nom, en citant ces Essays a souvent dit, ces beaux Livres que nous avons faits moy & Monsieur ***, & il n'a cessé de parler de la sorte qu'aprés avoir appris qu'on faisoit une description de l'oreille, qui montreroit les fautes qui sont dans ces Livres, & qu'on n'auroit pas remarquées, si luy qui est la seule cause qu'on les a faites, ne se vantoit de tout sçavoir. Il n'a cessé de s'en attribuer la gloire qu'aprés avoir appris les découvertes de Monsieur Mery, qui ne se cache à personne & chez qui il a envoyé des gens pour s'en faire instruire.

Qu'on ne croye pas que ce que je dy soit l'effet de quelque ressentiment que j'aye des injures, qu'il a vomi contre Monsieur Mery & contre moy durant trois heures. Ceux de mes amis qui me l'ont rapporté, pourront témoigner avec qu'elle tranquillité j'en ay receu la nouvelle, & je n'ay ſorty de ma moderation que pour rire avec excés du ſujet qui la porté à nous traitter de la ſorte, il craint m'a-t'on dit qu'on ne le ſoupçonne d'avoir pris dans la deſcription de Monſieur Mery, ou dans la mienne, ce qu'il doit dire dans un Livre qu'il promet au public; il apprehende qu'on ne luy ôte, ou du moins qu'on ne partage avec luy la gloire de cette inſigne découverte, qui doit le le rendre fameux durant ſa vie, & immortel aprés ſa mort. Il va avoir pour diſciples les Mareſchaux de France, encore n'entreront-ils chez luy que par billets; il leur montrera toutes les parties de l'oreille, & quand ils en connoiſtront la ſtructure, & qu'ils comprendront bien la maniere dont ſe fait le ſon, apparemment ils s'expoſeront plus intrepidemment à la guerre, & n'auront plus de peur des coups de canon, car ſans cela je ne conçoy pas le grand avantage qu'ils pourroient en retirer. Le Parlement, le Clergé, & les Ambaſſadeurs de tous les Princes des Regions les plus reculées, iront à leur tour ; il n'y a que les Moſcovites qui pour s'en eſtre allez avec trop de precipitation n'auront point cet avantage, mais il faut croire que leur Grand Duc apprenant qu'ils auront manqué cette occaſion, les renvoira tout exprés. En effet, comment ſçavoir les interests des Princes? comment ſe gouverner dans les matieres de Religion ? & comment juger les procez ſi l'on ne ſçait l'anatomie de l'oreille ; puiſqu'il faut avoir des oreilles pour tout cela ? C'eſt pour ce ſujet que le Livre qu'il promet au public, enrichira comme il aſſure ſon Libraire ; on verra par ſon debit extraordinaire, combien il eſt plus eſtimable que le mien : ce ne seront pourtant pas les François qui en feront plus de cas, & qui en acheteront davantage ; parce, comme il dit, qu'ils n'ont pas l'eſprit de ſe connoiſtre aux belles choſes ; mais les Danois, les Anglois, les Suedois, & les autres étrangers qui envoiront leurs navires sur nos ports pour s'en charger. Ce n'est pas ici une peinture grotesque que je fasse à plaisir, elle est d'aprés nature, & ceux qui connoissent celuy dont je parle en demeureront d'accord : Doit-on aprés cela s'offencer des injures que dit un genie de ce caractere ? Sur tout quand on fait reflexion que personne de ceux qui nous connoissent, ne croira quelles nous conviennent. Qui de ceux qui ont vû les moindres ouvrages d'anatomie de Monsieur Mery, pourra se persuader qu'un chien, à la pate de qui on attacheroit un instrument propre pour dissequer, s'en aquiteroit avec plus d'adresse ; & ceux qui me connoissent ou par moy-mesme, ou par le peu de Livres que j'ay fait, me feront assés de justice pour ne pas croire que je sois un esprit grossier sans penetration, ignorant en toutes choses, & indigne d'estre de la Faculté de Medecine de Paris, & mille autres choses semblables qu'il a dit, dont ses propres amis avoient tant de honte qu'ils sortoient pour ne les pas écouter. En verité ce n'est pas nous qu'il deshonore, c'est luy-mesme. C'est sa profession, c'est Monsieur le premier Medecin, maistre de la discipline du lieu, dans lequel il parle, qui se trouvera sans doute scandalisé de sa conduite, quand il apprendra que dans une Maison Royale, consacrée à la sagesse, on chante des injures à d'honnestes gens, & qu'on y debite des extravagances. On doit esperer de sa prudence qu'il luy commandera de se taire, ou d'être plus sage dans ses discours. Ce sont enfin Messieurs de l'Academie qu'il deshonore, dont on a une idée avantageuse, qu'on regarde comme des gens sages & moderés, & parmy lesquels on sera surpris de trouver un homme capable de tant d'emportemens. On espere aussi d'eux, ou qu'ils le desavoüeront, ou qu'ils tâcheront de le corriger par leurs conseils & par leurs remonstrances. Ils sçavent bien que quoy qu'ils soient gagés du Roy pour faire quelque progrés dans les ſciences, il ne nous eſt pas défendu de nous y appliquer, & de faire part au public ſans intereſt & ſans eſpoir de récompenſe, du peu que nous avons appris par nos travaux & par nos veilles. Voilà ceux qui doivent s'offencer des diſcours injurieux qu'il a fait contre nous. Pour ce qui me regarde il me fait plaiſir, je le remercie de m'épargner de la ſorte, il me deshonoreroit d'avantage par ſes loüanges que par ſes mépris.

Il ne me reſte plus que

deux mots à dire des figures qu'on a mises à la fin de cet Ouvrage, elles me paroissent assez belles, mais comme je ne suis pas un fin connoisseur sur cette matiere, on en fera tel jugement qu'on voudra. De quelque maniere qu'on les trouve je n'y ay point de part, Monsieur Mery avec un de ses amis en a pris la conduite, il m'a prié d'avertir que pour le dessein on s'est servy d'os d'enfans par ce qu'ils sont plus faciles à dissequer, & que les trois ou quatre petits os de l'oreille enfermez dans la caiſſe du tambour, ſont de meſme groſſeur dans les enfans & dans les adultes, il en va de meſme de la coquille & des trois anneaux.

Approbation des Docteurs de la Faculté de Paris.

MESSIEURS Garbe & de Farcy Docteurs Regens en la Faculté de Medecine de Paris, ont fait connoistre à ladite Faculté assemblée, que suivant la commission qu'ils ont receuë ; Ils ont examiné un Livre composé par MONSIEUR LAMY, aussi Docteur Regent de la mesme Faculté, qui contient quatre Traittés, dont le premier à pour titre, *Explication Mechanique & Physique des fonctions de l'Ame Sensitive* ; le second, *Discours sur la generation du Laict* ; le troisiéme, *Dissertation contre la nouvelle opinion, qui prétend que tous les animaux sont engendrez d'un œuf* ; & le quatriéme, *Réponse aux raisons du Sieur Galatheau &c.* Et ont assuré que ledit Livre estoit tres-digne d'estre mis en lumiere, estant rempli d'opinions curieuſes propoſées d'une maniere ſceptique, qui ſans préoccuper le Lecteur luy laiſſe toûjours la liberté de ſon choix. Sur ce rapport ladite Faculté a conſenti que tous ces Traittez ſoient imprimez. Fait à Paris aux Ecoles de Medecine, le 12. jour d'Aouſt 1677.

LE MOINE.
Doyen de la Faculté de Medecine.

PERMISSION.

VEu l'Approbation, permis d'imprimer. Fait ce 23. de Septembre 1677.

DE LA REYNIE.

TABLE DES CHAPITRES DU PREMIER TRAITÉ.

Premiere Partie, *Des Sens.*

Seconde Partie. *Des Paßions.*

Troisiéme Partie.

Du Mouvement Volontaire.

Fin de la Table.

EXPLI-

EXPLICATION
Mechanique & Physique des fonctions de l'Ame sensitive, ou des Sens, des Passions, & du mouvement volontaire.

PREMIERE PARTIE.

CHAPITRE I.
Du dessein de l'Auteur.

EN vain les hommes prennent des resolutions pour l'avenir, la fortune qui se méle toûjours de leurs affaires, oblige souvent les plus sages à changer de desseins. J'avois entierement perdu l'inclination d'écrire, & je m'estois proposé de m'entrenir de mes pensées, seulement avec mes amis, sans troubler mon repos en les exposant à des Censeurs qui ne jugent que par caprice. Le peu de genie de la plusspart de ceux qui s'appliquent aux sciences, leur opiniâtreté dans leurs sentimens, l'injustice de leurs décisions, & la calomnie dont ils noircissent les honnestes gens, qui s'éloignent de leur maniere de raisonner, m'avoient fait prendre cette résolution. Cependant le hazard qui fist tomber mes discours Anatomiques & mes reflexions, entre les mains d'une personne qui les a données au public sans mon consentement, m'oblige par une suite necessaire de faire réponse à une dissertation qu'on a faite contre cet Ouvrage. Et comme ce n'est pas la peine de mettre la main à la plume pour si peu de chose, afin de satisfaire d'honnestes gens qui m'en ont prié; Je tâcheray d'expliquer physiquement les fonctions de l'Ame sensitive, conformément à l'idée que j'ay donnée de sa nature dans mes discours. Ceux qui ont pris plaisir à la maniere, dont j'ay parlé des fonctions naturelles, en trouveront beaucoup plus dans la lecture de cet Ouvrage, dont la matiere est plus difficile & plus curieuse.

CHAPITRE II.

Des diverses fonctions de l'Ame Sensitive.

QUoy-qu'il n'y ait dans l'animal que l'ame & le corps sans aucunes facultez, qui soient les principes des fonctions ; on donne pourtant à l'ame differens noms, suivant qu'elle est appliquée à diverses parties du corps, où elle a des actions differentes. Ainsi dans l'œil on l'appelle la veuë, dans le nez l'odorat, dans la langue le goust, & de mesme du reste. Pour ne s'embroüiller point ici, il faut remarquer que l'Ame sensitive apperçoit ses objets ; qu'elle panche vers eux, ou s'en détourne, suivant qu'ils sont agréables ou fâcheux, & qu'elle remuë le corps pour s'y unir ou s'en éloigner. Il faut donc expliquer en combien de manieres elles connoist ses objets; quels sentimens naissent à l'occasion de ses connoissances, & comment elle remuë le corps pour satisfaire à ses sentimens : C'est-à-dire qu'il faut parler de la difference des sens, des diverses passions que l'animal ressent à leur occasion, & du mouvement volontaire qui les suit ou les accompagne.

CHAPITRE III.

Des Sens externes & de leur nombre.

LEs ſens ſont internes ou externes, ſuivant l'opinion commune par rapport aux organes, dont les uns paroiſſent au dehors de l'animal, & les autres ſont cachez au dedans. Mais pour parler plus juſte, les ſens externes ſont ceux qui ne reſſentent que les objets preſens, & les internes connoiſſent les abſens. Comme ceux-cy, ſuppoſent les autres, l'ordre veut que je commence par l'explication des ſens externes. Ordinairement on en conte cinq dans les animaux parfaits. Si pourtant on y prend garde de plus prés, on en trouvera huit dans l'homme, & on peut conjecturer qu'il y en a un pareil nombre dans tous les autres animaux parfaits : Pour en estre convaincu, il faut obſerver que l'on doit conter autant de ſens externes, qu'il y a d'organes differens où ſe font des perceptions differentes. Or nous trouvons huit organes differens, où il ſe fait differentes perceptions. Car outre les cinq dont tout le monde demeure d'accord, la ſoif, la faim, & le plaiſir de l'amour ſont des perceptions diverſes, dont les organes ſont differens, comme je le prouveray dans la ſuite.

CHAPITRE IV.

Des objets des Sens externes.

LEs objets des Sens externes ſont propres ou communs. L'objet eſt propre quand il n'y a qu'un ſens qui peut l'appercevoir. Ainſi les couleurs ſont l'objet propre de la veuë, & les ſaveurs du gouſt. Au contraire un objet eſt commun quand pluſieurs ſens peuvent l'appercevoir, comme le nombre, la figure, la grandeur, le mouvement & le repos. Nous diſcernons, par exemple, la figure d'un corps par la veuë, & par le toucher, nous contons un nombre par la veuë, par le toucher, & par l'oüie. Mais il faut remarquer, qu un ſens ne peut appercevoir un objet commun s'il n'eſt joint avec ſon objet propre ; les yeux ne peuvent voir la figure d'un corps s'il n'a de la couleur ; l'oreille ne peut oüir les nombres que quand ils ont du ſon ; c'eſt pour cela qu'on ne peut voir le mouvement de l'air, ny oüir le nombre des ſieges qui ſont dans une chambre. Mais on peut voir le mouvement d'un animal, & oüir le nombre des heures qui ſonnent. Lors qu'un ſens ſe trompe à l'égard d'un objet propre, ſon erreur peut-eſtre corrigée par un autre ſens : Ainſi le toucher peut corriger l'erreur de la veuë, quand elle ſe trompe à l'égard de la figure, du mouvement & du repos ; mais ſur le fait des couleurs il ne peut la corriger; parce qu'il ne sçauroit les appercevoir.

CHAPITRE V.

Du toucher, & de la maniere dont se fait le sentiment en general.

COmme le toucher est universellement dans tous les animaux, & que toutes les sensations se font par un veritable attouchement, il est à propos de l'expliquer d'abord afin de rendre la maniere dont les autres se font plus intelligible. Le toucher ressent le froid & le chaud, les corps fluides & durs qui sont ses objets propres. Or il faut observer qu'il y a bien de la difference entre ces perceptions & les corps qui les causent,

Il n'eſt pas vray comme on penſe dans la philoſophie ordinaire, que ce que nous reſſentons, ſoit dans l'objet qui excite le ſentiment. La chaleur que le feu produit chez nous n'eſt point en luy-meſme, non plus que la douleur n'eſt point dans une aiguille qui nous pique; mais comme l'aiguille eſt tellement figurée qu'elle peut quand ſa pointe nous touche exciter ce que nous appellons piqueure ou douleur: de meſme le feu à des parties tellement figurées, & dans un tel mouvement, qu'elles peuvent en nous touchant exciter le ſentiment que l'on nomme chaleur. En un mot ce qu'on appelle qualité ſenſible, ſe doit diverſement conſiderer dans nous & dans les objets. Dans nous c'eſt une certaine agitation des esprits animaux, contenus dans les nerfs qui se communique jusqu'au cerveau. Dans les objets, c'est une certaine disposition pour agiter ces esprits de la sorte. Or cette disposition des objets, consiste dans la figure de leurs parties, & dans leurs mouvemens Il seroit à souhaiter qu'on pust déterminer precisément quelle est l'agitation des esprits en chaque perception, & quels sont les mouvemens & les figures des particules de l'objet qui la cause. Mais aprés y avoir long-temps songé, on ne trouve que des conjectures fort incertaines, & l'on reconnoist qu'il est impossible d'aller plus avant: Car comme la figure & le mouvement ont des diversitez infinies, ce qu'on explique par une de leurs especes, se peut expliquer par cent autres sans qu'on puisse jamais estre assuré qu'elle est la veritable.

Il ne faut point avoir de honte de confesser son ignorance en de semblables occasions, il vaut bien mieux avoir dans ces matieres un doute raisonnable, que d'embrasser des erreurs manifestes. L'esprit humain à des bornes extrémement étroites au delà de qui l'on ne peut passer. Cependant il ne faut pas qu'on nous reproche que nous ne disons rien plus que la Philosophie ordinaire. Dans les principes que j'établis, on connoist pour le moins en general, assez clairement la maniere dont les sentimens se font. Au contraire, l'opinion commune l'ensevelit dans les tenebres. Il eſt conſtant, comme je l'ay prouvé dans mes diſcours, & comme je le mont.eray encore dans la ſuite, que l'Ame ſenſitive eſt un corps tres-ſubtil, toûjours en mouvement, dont le reſervoir eſt dans le cerveau, & les nerfs qui en partent ſont autant de canaux qui en ſont remplis, diſperſez par tout le corps qui en eſt arroſé. Il n'eſt pas moins aſſuré que ces nerfs ſont frapez par les objets que nous reſſentons, & par une ſuite neceſſaire, la portion de l'Ame où les eſprits animaux renfermez dans ces nerfs ſont mis en mouvement, & ce mouvement ſe communique par continuité juſqu'à la pl is conſiderable partie de l'Ame qui eſt dans le cerveau. Or comme la ſubſtance du cerveau eſt d'une conſiſtance propre à recevoir la trace, le veſtige, ou le caractere de ce mouvement, quoy-que l'ame perde aiſément l'impreſſion que l'objet fait ſur elle ; elle peut la reprendre en s'appliquant au veſtige tracé dans le cerveau, ſans qu'il ſoit beſoin d'une nouvelle impulſion. C'eſt dans ces mouvemens de l'ame, & dans ces caracteres qui reſtent dans le cerveau, que conſiſtent les ſens tant internes qu'externes ; il n'y a perſonne qui ne puiſſe aiſément comprendre cette explication qui eſt fondée ſur le mouvement qu'un corps peut communiquer à un autre, ſuivant la loy generale de toute la nature. Mais qui a jamais pû concevoir ce que l'on dit dans l'opinion commune ? Connoiſton ces qualitez réelles qu'elle admet dans les corps, ces especes impresses qui en partent & arrivent à l'organe des sens sans se mouvoir : Ces facultez de l'ame à qui elles servent d'instrumens pour former les especes expresses, ou les images des objets? Peut-on expliquer comment ces images arrivent aux organes des sens internes, & comment ces sens s'en servent pour connoistre ces objets. Que l'on cesse donc de nous dire que nous n'adjoûtons rien à la Philosophie ordinaire.

Supposé comme j'ay dit, que l'ame recevant par le moyen des nerfs l'impression de l'objet en à le sentiment, c'est une suite necessaire qu'il y ait des sentimens ou des perceptions differentes ſuivant la diverſe ſtructure de ces nerfs, ou des organes dans leſquels ils ſe jettent, & que meſme il y ait des perceptions differentes par le moyen des meſmes nerfs, quand les objets qui les frapent ſont differens en mouvement & en figure : Ainſi les particules ignées agitans les nerfs du toucher, font un ſentiment de chaleur, les particules d'eau font au contraire un ſentiment de froid. Si le corps que nous touchons nous reſiſte beaucoup, & que nous ne puiſſions écarter ſes particules, parce qu'elles ſont étroitement unies & en repos, nous ſentons de la dureté. Si ces particules reſiſtent peu, parce qu elles ſont en mouvement, & qu'il y a des vuides entr'elles, nous ſentons de la fluidité. Si elles s'attachent à nous, le corps nous paroist humide comme l'eau, si elles ne s'attachent point nous l appercevons simplement fluide comme l'air. Le toucher apperçoit aussi, la figure, le mouvement, le repos, parce que les nerfs sont autrement frappez, suivant que les corps sont en mouvement ou en repo, ronds ou quarrez, pyramidaux ou triangulaires.

Avant que de décrire l'organe du toucher, il faut faire observer qu'il y a un toucher interieur, qui ressent l'action des humeurs, des vents, ou mesme des corps solides, qui s'engendrent contre nature dans le corps de l homme & des autres animaux, ou qui y sont introduits par malice ou par imprudence; c'est par le moyen de ce ſens qu'on ſouffre dans les tranchées, dans les coliques, dans la goute, dans les rumatiſmes, dans les douleurs de la pierre du rein ou de la veſſie, & dans un grand nombre d'autres maladies dont la cauſe pour la pluſpart ne feroit point un pareil effet ſur le toucher exterieur qui reſſent ſeulement l'action des corps, qui nous environnent & qui ſont hors de nous. C'eſt de l'organe de ce toucher exterieur dont j'ay deſſein de parler.

Tout le monde demeure d'accord que c'eſt la peau, mais les modernes en donnent une deſcription qu'il faut rapporter ici, qui fait plus aiſément connoiſtre comment elle peut ſervir à cet uſage.

La ſurpeau eſtant ôtée on découvre une membrane faite en forme de reſeau, que l'on nomme le corps reticulaire, & immediatement au deſſous on voit la propre ſubſtance de la peau, d'où naiſſent de petits mamelons pyramidaux, qui paſſent par les interſtices de la membrane reticulaire. On trouve encore dans la ſubſtance de la peau un grand nombre de tres petites glandes, qui ſont autant de cribles par où ſe filtrent, les ſueurs, & les autres excremens dont le corps ſe décharge par l'inſenſible tranſpiration. De chaque glande ſort un petit canal qui paſſe par un trou du corps reticulaire, & ſert à porter juſqu'à la ſurpeau ce qui a eſté filtré dans la glande.

Il ſe fait donc dans la peau une ſeparation à peu prés pareille,

& de mesme maniere que celle de la bile dans le foye, & de la serosité dans le rein, dont on pourra voir la description dans la derniere edition de mes discours Anatomiques. Ce qui sort par ces petits canaux qui partent des glandes de la peau, & passent au travers du corps reticulaire, n'est pas un excrement tout-à-fait inutile, car il sert à humecter les petits mamelons, qui sans cela se desecheroient trop, & ne pourroient plus avoir l'usage qu'ils ont d'ordinaire.

Ces mamelons sont autant de petits corps nerveux formez des filets, des nerfs qui se jettent à la peau; & ils sont suivant ces Auteurs, l'organe immediat du sens du toucher. La surpeau qui les couvre empesche qu'ils ne ſoient ébranlez trop rudement, & que la ſenſation ne ſoit toûjours douloureuſe.

Cette découverte qu'on doit à Malpigius eſt belle, l'opinion eſt ingenieuſe mais elle n'eſt pas ſans difficulté, comme il le reconnoiſt luy-meſme ; car on ne voit pas aſſez de nerfs ſe porter à la peau d'où ces mamelons puiſſent naiſtre, & les parties internes comme les chairs & les membranes n'ont point ces ſortes de mamelons, & ont pourtant le ſentiment du toucher.

CHAPITRE VI.

Du Sens qui ſert à l'amour.

LE toucher eſt univerſellement répandu dans toutes

les parties du corps où il y a des nerfs ; mais il se trouve en certaines une structure particuliere, qui fait qu'outre la perception commune elles en ont une propre. Ainsi dans les parties qui servent à l'amour, outre la perception commune du froid, du chaud, du dur, du fluide ; il y a un sentiment propre qui ne se rencontre dans aucune autre partie & que l'on peut appeller le plaisir de l'amour ou la volupté. Cette perception se fait par l'attouchement de la semence qui agite d'une maniere agréable, les esprits animaux contenus dans les nerfs distribuez dans ces parties, & cette agitation se communique à l'ame qui en trace le vestige dans le cerveau par la seule necessité du mouvement qu'elle a receu. C'eſt avec raiſon que je diſtingue ce ſens de celuy du toucher, & de tous les autres, puiſque ſon organe, ſon objet, & ſon ſentiment ſont differens de ceux des autres ſens.

La ſtructure de l'organe de chaque ſens eſt entierement ſemblable dans les deux ſexes, excepté en celuy cy où la diverſité eſt abſolument neceſſaire pour accomplir la generation.

Dans l'homme le gland & le conduit de la verge par où la ſemence s'écoule, ſont l'organe de ce ſens; & dans la femme le col de la matrice & le clitoris. Suivant la délicateſſe de ces parties que j'ay ſuffiſamment décrites dans mes diſcours Anatomiques, ſuivant leur bonne ou mauvaiſe conſtitution, & la diſpoſition

tion de la ſemence, le ſentiment eſt plus ou moins agreable.

Tous les autres ſens peuvent avoir des perceptions oppoſées; la veuë apperçoit le blanc & le noir, loüie les ſons graves & aigus; l'odorat les odeurs agreables & fâcheuſes, le gouſt les ſaveurs douces & ameres, le toucher le chaud & le froid; mais le ſens de l'amour n'a point de perception douloureuſe oppoſée à la volupté dont il eſt capable, & ainſi pour peu de reflexion que l'on faſſe, il eſt aiſé de reconnoiſtre que ce ſens eſt different de tous les autres.

CHAPITRE VII.

Des Sens qui ressentent la soif & la faim.

IL en va de mesme des Sens qui ressentent les besoins que nous avons de boire & de manger. La soif & la faim sont des perceptions diverses, l'orifice superieur de l'estomac est l'organe de la faim, & lœsophage ou le gossier, celuy de la soif. La faim est excitée par un suc acide qui agite les esprits contenus dans les nerfs de cet orifice, la soif est produite par des sucs amers ou salés qui causent dans les nerfs de lœsophage, une commotion particuliere. Outre cette perception dans chacun de ces sens; il y en a une autre opposée; Dans le sens de la soif, il y a le plaisir de l'éteindre; dans le sens de la faim, celuy de la rassasier. Or ces perceptions de plaisir, sont tres-differentes des saveurs que l'on goûte dans le boire & dans le manger; Car on peut également éteindre la soif avec d s liqueurs d'une saveur tres-differente; on peut de mesme rassasier la faim avec des viandes d'un tres-different goust Ainsi les plaisirs d'éteindre la soif & de rassasier la faim, sont des perceptions differentes des saveurs que l'on trouve dans le boire & dans le manger. En effet on boit avec plus de plaisir une liqueur peu agreable quand on est fort alteré, qu'une tres-exquise quand on ne l'est point: & l'on mange avec plus de plaiſir une viande groſſiere quand on a faim, qu'un mets tres délicat quand on n'en n'a pas. Comme ces plaiſirs different des ſaveurs, la faim & la ſoif en different auſſi. Car encore que la faim ſoit, comme j'ay dit, excitée par un ſuc acide, elle n'eſt pourtant pas un ſentiment d'aigreur, non plus que la ſoif un ſentiment d'amer ou de ſalé. Les meſmes corps peuvent exciter divers ſentimens dans differens organes. Or je ne puis comprendre comment on a confondu ces ſens avec les autres, ſi ce n'eſt parce qu'ils ont peu de perceptions differentes. Le ſens de l'amour n'a que la volupté. Les ſens de la ſoif & de la faim n'ont que ces deux perceptions, & les plaiſirs qui leur ſont oppoſez, mais le gouſt à pluſieurs ſaveurs, l'odorat pluſieurs odeurs, l'oüie pluſieurs ſons, la veuë pluſieurs couleurs.

Il n'y a rien de particulier à remarquer dans les organes de ces deux ſens, ou du moins juſqu'ici on n'a rien découvert qui faſſe connoiſtre une diſpoſition particuliere qu'ils ayent pour cet uſage. Il eſt pourtant certain qu'il doit y avoir une ſtructure ſinguliere qui les rende propres aux perceptions qu'on a par leur moyen, que peut-eſtre on découvrira dans la ſuite ſi on la recherche.

CHAPITRE VIII.

Du goust, & par occasion de la nature de l'Ame sensitive.

QUoy-que tous les sentimens se fassent par attouchement, il n'y en a point ou la chose soit plus sensible que dans le goust; car les corps savoureux ne peuvent faire sentir leur action à la langue, s'ils ne sont immediatement appliquez dessus. Il faut raisonner des corps savoureux à l'égard du goust, comme des corps froids ou chauds à l'égard du toucher; c'est-à-dire, que comme les corps froids ou chauds n'ont point en eux la mesme passion ou perception qu'ils excitent en nous, mais seulement des mouvemens & des figures propres pour la causer : ainsi les corps savoureux n'ont point en eux, ce qui dans nous s'appelle saveur, mais seulement des particules tellement figurées, que lorsqu'elles sont appliquées sur la langue elles produisent ce sentiment que nous appellons saveur.

Pour laisser sur la matiere que je traite moins d'obscuritez que je pourray, & faire connoistre le plus clairement qu'il sera possible, la nature de l'Ame sensitive, & la maniere dont elle apperçoit differens objets par le moyen de differens organes ; Je veux expliquer la plus grande de toutes les difficultez qui se rencontrent sur ce sujet, & qui embarasse l'esprit des plus éclairez Philosophes.

On demande pourquoy les esprits animaux agitez par les objets qui frapent les nerfs où ils sont contenus, & l'ame par consequent dont ils sont une partie, sentent l'objet qui a causé cette agitation, & pourquoy ce mouvement dans l'ame est une perception. On ne voit rien dans l'explication que je donne qu'un certain mouvement de matiere subtile contenuë dans les nerfs, dont le vestige, la trace, ou le caractere demeure dans le cerveau. Or si la perception n'enfermoit autre chose que ce mouvement de matiere, & ce caractere qui en reste, tous les corps seroient capables de pensée & de perception, comme de mouvement.

Quoy-que cette difficulté paroisse tres-grande, elle n'est pourtant pas insurmontable. Il faut de necessité que l'Ame sensitive soit un corps tres-subtil & tres-délié, de la maniere que je l'ay dit, ou qu'elle soit une substance incorporelle, comme la foy nous enseigne de l'ame raisonnable; ou enfin que ce soit une forme corporelle comme veulent les Peripateticiens. Or l'Ame sensitive n'est point incorporelle, puisque toutes ces fonctions dépendent absolument du corps, & les bestes qui n'ont rien que de corporel ont une Ame sensitive, & nous donnent les mesmes marques de connoissance & de passions que fait un étranger dont nous n'entendons point la langue. On ne peut pas dire non plus que l'Ame sensitive soit une

forme corporelle, ou un mode de la matiere, ce feroit trop ravilir sa nature & ofter tous les moyens d'expliquer ses actions.
lib. 1. De principiis rerum. Et on peut fort bien démonstrer, comme j'ay fait ailleurs, que les formes des Peripaticiens sont chimeriques. Il faut donc absolument conclure que l'Ame sensitive est un corps. Cependant le corps dans tous ces changemens n'est capable que de suivre divers mouvemens, & de se revétir de differentes figures, donc par une suite necessaire les perceptions & les passions consistent dans les divers mouvemens de l'ame, & les diverses impressions qu'elle reçoit des objets. Il ne s'ensuit pas pour cela que tous les corps soient capables de pensée, ny que leurs mouvemens &,

les impreſſions qui les ſuivent ſoient des perceptions. Il faut abſolument ignorer les regles du raiſonnement pour tirer cette conſequence ; Mais ſi je raporrois ces regles, je ſerois obligé de me ſervir de termes barbares en noſtre Langue ; C'eſt pourquoy j'aime mieux éclaircir la choſe d'une autre maniere.

Tous les corps ne ſont pas d'une meſme nature, & n'ont pas les meſmes proprietez, corps figure & mouvement à la verité ne ſont que trois mots, mais ces trois mots ſignifient des choſes dont les diverſitez ſont infinies. C'eſt d elles que naiſſent tous les corps de ce vaſte univers, dont les actions & les qualitez ſont tres-differentes, & quoy que leur matiere ait cela de commun qu'elle eſt étenduë impenetrable & capable de mouvement, elle n'eſt pas pourtant entierement la meſme. Ses atomes ont des figures differentes, & ceux qui ſont propres pour engendrer un corps ne ſont pas propres pour engendrer tous les autres; auſſi voyons nous par experience que quand un corps ſe change en un autre dont la difference eſt eſſentielle, il n'y a que certaines parties du corps qui perit, qui entrent dans la compoſition de celuy qui s'engendre. Tout le bois ne ſe change pas en flame. Toute la ſemence ne ſert pas à former l'animal; toute la viande que nous mangeons ne ſe change pas en noſtre ſubſtance. Cela nous montre qu'il y a certaines particules ou atomes de la matiere propres à former un certain genre de corps, & d'autres qui ne le font pas ; D'autant qu'il faut qu'un corps d'une eſpece déterminée ait des particules de telles figures, de tels mouvemens, & arrangées de telle ſorte qu'on ne peut déterminer, afin qu'il ait les proprietez qu'on y remarque. Ainſi toutes choſes ne ſont point en toutes, & ne ſe font point de toutes choſes. Un corps s'engendre quand ſes particules éparſes dans un autre viennent à ſe ramaſſer & à ſe ſéparer des autres qui ne peuvent entrer dans ſa compoſition. Le feu paroiſt quand ſes particules deſunies & en repos dans le bois ſe mettent en mouvement & ſe raſſemblent. Or comme il y a dans la nature des atomes propres pour former un corps qui ait les actions du feu, il y en a de propres pour former un corps qui face les actions de l'Ame sensitive. Quoy-que les actions du feu ne dépendent que de la figure & du mouvement de ses particules; La figure pourtant, & les mouvemens de tous les autres atomes ne font point les actions du feu, parce qu'il faut certaines figures & certains mouvemens dans les atomes du feu qui ne se rencontrent point dans les autres atomes. De mesme, quoy que les actions ou perceptions de l'ame ne dépendent que des mouvemens & des figures des atomes qui la composent; les mouvemens & les figures des autres corps ne font point des perception, parce qu'ils ne sont pas de mesme nature. Quand le feu s'éteind ses particules se dissipent dans l'air & ne sont plus feu. Quand l'Ame sensitive meurt ses atomes se dispersent & ne sont plus une ame. Dans le bois, dont le feu s'entretient, il y a des atomes de feu : dans les alimens dont l'animal se nourrist, il y a des particules d'ame : comme celles du feu dans le bois ne sont point feu & n'en ont point les actions, celles de l'ame dans les alimens ne sont point ame & n'en ont point les proprietez. De tout ceci, il faut conclure que l'Ame sensitive est un corps d'une nature particuliere & differente des autres, dont les mouvemens sont des perceptions ou des passions; de mesme que le feu est un corps d'une nature differente des autres dont les mouvemens font la lumiere & la chaleur. On ne peut, je pense, donner une idée plus claire de l'ame sensitive, ny mieux resoudre la difficulté que j'ay proposée & qui arreste l'esprit de tant de gens.

Ces choses supposées, il est aisé de comprendre que la saveur dans l'animal se fait par une agitation des nerfs de la langue qui donne à l'ame une certaine impression dont le caractere demeure dans le cerveau ; aprés mesme qu'elle l'a perduë, ce qui fait qu'elle peut se l'imaginer & se ressouvenir de l'avoir ressentie, comme je diray en expliquant les Sens internes. Les saveurs sont agreables ou facheuses, suivant que les corps savoureux remuent les petites fibres des nerfs de la langue d'une maniere conforme ou opposée à leur structure. Il y a un tres grand nombre de saveurs differentes & toutes simples à l'égard du goust, car la perception d'un sens ne peut estre composée d'autres perceptions du mesme sens. Mais à l'égard des saveurs qui sont dans les corps savoureux, c'est-à dire des dispositions qui doivent estre dans les corps qui par l'agitation des nerfs de la langue produisent les saveurs ; il y en a de simples & de composées : Les simples sont deux l'acre & lacide. Les composées sont ou naturelles ou artificielles ; les naturelles sont celles qui se rencontrent dans les alimens que la nature assaisonne elle-mesme comme dans les fruits. Les artificielles ſont celles des ragouſts. Ainſi les ſels, ſoit ſimples, ſoit composez, produiſent les ſaveurs quand par le moyen de la ſalive ils ſe diſſolvent ſur la langue. Dont il faut parler de la ſtructure pour ſatisfaire au deſſein que j'ay pris dans cette ſeconde Edition.

La chair de la langue eſt muſculeuſe, & couverte de trois membranes, dont la premiere à un tres-grand nombre de petits mamelons, que l'on pretend eſtre formez des filaments des nerfs qui ſe jettent à la langue, comme j'ay dit dans la ſtructure de la peau.

La ſeconde membrane eſt une eſpece de reſeau, ou un corps reticulaire au travers de qui ces mamelons paſſent; car les interſtices de ce corps reticulaire répondent exactement à ces mamelons, & en sont remplis.

La derniere est comme l'épiderme à l'égard de la peau, elle recouvre non seulement ces mamelons, mais encore elle a comme des étuits qui les reçoivent & les contiennent. Cependant il y a une assez grande partie de ces mamelons qui ne sont point receus dans ces sortes d'étuits, mais qui sont couverts seulement d'une membrane tres-déliée ; on voit cela fort manifestement dans la langue d'un bœuf, qu'on fait cuire pour séparer plus facilement ces membranes les unes des autres, mais dans l'homme il y a beaucoup plus de difficulté.

Quand je fis dissequer une lan-d'homme, il ne fut pas possible de séparer toutes ces membranes quoy qu'on l'eust fait cuire auparavant comme celle de bœuf, on leva seulement une membrane assez épaisse qu'on ne peut diviser en deux, quoy qu'elle semblast devoir estre composée de celle qu'on appelle le corps reticulaire & de l'épiderme, parce qu'immediatement au dessous on apperçoit les petits mamelons, & à sa surface interne on voyoit quantité d'interstices enfoncez, & bien arrangez comme dans le corps reticulaire ou ces mamelons estoient receus, & ces mamelons ne paroissoient pas estre des éminences qui fussent dans une membrane, mais ils sortoient immediatement de la chair musculeuse de la langue.

Les modernes pretendent que

comme dans la peau les mamelons qu'on y découvre, ſont l'organe immediat du toucher dans la langue, ces mamelons ſont l'organe immediat du gouſt, ce qu'ils tâchent de rendre vray-ſemblable en aſſurant qu'on trouve auſſi de ces petits mamelons aux endroits du palais, où le ſens du gouſt ſe rencontre.

Quelques-uns meſme diſent que comme la langue outre le ſentiment du gouſt, a encore celuy du toucher; il y a pour cette raiſon de deux ſortes de mamelons, dont les uns ſont enfermez comme dans des étuis, & les autres ſont couverts d'une ſimple membrane tres-délicate, que les uns ſont l'organe immediat du toucher, & les autres du gouſt.

CHAPITRE IX.

De l'Odorat.

QUand les fumées qui partent des corps odorants viennent fraper l'organe de l'odorat, par ce mouvement qui se continuë jusqu'au cerveau, par le moyen des nerfs de cet organe, ils excitent dans l'ame une perception que nous appellons odeur, differente de celle des autres Sens; elle est agreable ou fâcheuse suivant la disposition des fumées qui agitent l'organe; c'est-à-dire, par le raport des mouvemens & des figures des atomes, de ces fumées à la structure & aux pores de l'organe de l'odorat, d'où naist une agitation dans les eſprits animaux contenus dans les nerfs de cet organe, qui communiquée à l'ame, luy fait un ſentiment agreable ou déplaiſant. En un mot, il faut juger de la maniere dont la perception des odeurs ſe fait dans le cerveau, par celle dont ſe fait la perception des ſaveurs; avec cette exception, que les corps ſavoureux doivent eſtre immediatement appliquez ſur l'organe du gouſt, & les corps odorans au contraire expirent des vapeurs par le mouvement deſquelles l'organe immediat eſt agité, de maniere que l'ame reſſent les odeurs. L'odorat & le gouſt n'aperçoivent que leurs objets propres, au lieu que le toucher & la veuë, outre leurs propres objets, diſcernent encore la grandeur, la figure, le mouvement, & le repos.

Dans l'opinion de tout le monde, le nez eſt l'organe de l'odorat; mais comme il eſt composé de pluſieurs parties, il faut tâcher de connoiſtre celle qui eſt la principale, à qui toutes les autres ſe rapportent, & ſur qui les corps odorans font leur impreſſion, qui par le moyen du nerf ſe continuë & ſe communique à l'ame contenuë dans le cerveau.

La figure & la grandeur du nez, quoy que differentes en divers ſujets ſont pourtant aſſez connuës, on donne differents noms aux diverſes parties qu'on y diſtingue ſans diſſection, qu'il n'eſt pas neceſſaire de dire ici, puiſque je ne veux pas faire une anatomie exacte de cette partie, mais ſeulement la décrire en telle

ſorte

ſorte qu'on puiſſe comprendre comment elle peut eſtre l'organe de l'odorat.

Pour cela il ſuffit de ſçavoir que le nez eſt diviſé en deux conduits, qu'on appelle les narines, & que chacun de ces conduits montant vers le milieu du nez, ſe diviſe encore en deux autres, qui font la communication du nez avec la bouche ; dont l'un monte à l'os ſpongieux, l'autre deſcend au fonds de la bouche dans le goſier L'air entre par ces trous des narines dans l'inſpiration & en ſort dans l'expiration ; toute la ſubſtance du nez eſt compoſée de la ſurpeau, de la peau, d'os, de cartilages, de muſcles, de membranes qui le revêtent en dedans, & de vaiſſeaux qui nourriſſent toutes ces parties.

Il paroiſt certain que ny la ſur-peau, ny la peau, ny les os, ny les cartilages, ny les muſcles, ny les vaiſſeaux ne ſont point l'organe immediat de l'odorat, ou pour le moins perſonne ne le conteſte. Tout le monde ſemble auſſi eſtre perſuadé que la ſtructure des narines ſert à ramaſſer les corpuſcules qui exhalent des corps odorans, & qui montent avec l'air lorſqu'on l'inſpire ; car il faut remarquer que les odeurs ne s'aperçoivent que dans le temps de l'inſpiration. Or la réünion de ces corpuſcules par le moyen de ces conduits, les rend capables de faire une impreſſion plus forte ſur l'organe immediat de l'odorat, & ainſi il ne reſte plus qu'à ſçavoir quel eſt cet organe, à qui toutes les autres parties du nez ſe rapportent.

Il y a dans le nez ſuivant la découverte des modernes, certaines lames d'os reveſtuës d'une membrane qui eſt l'organe immediat de l'odorat; ce qui rend leur opinion plus vray-ſemblable, eſt que les animaux dont l'odorat eſt plus fin comme les chiens, ont beaucoup plus de ces lames, & que l'homme dont l'odorat eſt moins délicat, n'en a que tres-peu. De plus ils pretendent que la membrane qui reveſt ces lames d'os n'eſt pas ſimple, & que dans ſa ſubſtance on remarque pluſieurs petits mamelons de nerfs, comme dans la peau & dans la langue, qui ſont couverts d'une membrane tres-déliée, qui eſt comme l'.piderme.

Le nez ne ſert pas ſeulement

pour flairer, mais encore pour respirer, pour donner issuë aux excremens pituiteux, & pour le son de la voix qui sont des usages hors de mon sujet.

CHAPITRE X.

De l'Oüie.

POur comprendre de quelle maniere les sons se forment, & se font ressentir à l'ame par le moyen des nerfs qui aboutissent aux oreilles ; Il faut demeurer d'accord que c'est l'air agité qui les produit, ou pour parler plus clairement, le son hors de nous n'est qu'une certaine agitation de l'air, & chez nous c'est l'impression que cet air agité fait sur l'ame en remuant les esprits animaux, contenus dans les nerfs de l'oreille qui en est l'organe. Or tout mouvement de l'air ne fait pas le son; il faut pour exciter le son que l'air dans son mouvement soit comprimé, & qu'il sorte comme par vibration d'entre les corps qui le remuant le compriment. Ainsi l'air sortant de la bouche d'un homme qui baaille ne fait point de son, parce qu'il en sort sans estre comprimé, & par raison contraire, il en fait dans un homme qui parle ou qui siffle. C'est que l'air agité sans estre comprimé n'a point assez de force pour ébranler les nerfs, & donner à l'ame par le moyen des esprits animaux, l'impression que nous appellons son, dont le vestige reste dans le cerveau. Il y a divers sons à raison de la diverſité des pores des corps qui agitent l'air, & qui le compriment plus ou moins ſuivant leur differente ſtructure. Il y a quantité de queſtions curieuſes ſur la nature des ſons, & ſur leurs differences ; ſur la ſtructure de l'organe qui ſert à les former, ſur la diverſité de cette ſtructure dans divers animaux, & meſme dans ceux de meſme eſpece qui fait que l'air agité excite dans l'un un ſon agreable, & dans l'autre un fâcheux. Mais tout cela n'eſt pas de mon ſujet. Puiſque j'ay eu ſeulement deſſein de faire comprendre comment l'ame ſenſitive eſtant un corps tres-ſubtil, peut par le moyen des organes du corps ſenſible & groſſier qu'elle anime, avoir un grand nombre de perceptions differentes, & connoiſtre divers objets.

Cependant m'eſtant engagé dans cette ſeconde Edition à donner une deſcription des organes des ſens, je ne puis me diſpenſer de m'attacher principalement à celle de l'oreille, puiſque c'eſt l'organe qui juſqu'ici a eſté le moins connu, & qui ſans doute eſt le plus difficile à connoiſtre.

Je m'appliqueray uniquement à l'oreille de l'homme, ſans embroüiller la deſcription par la conformité ou la difference qui ſe rencontre dans celles de divers animaux, comme on a fait depuis peu dans le ſecond tome des Eſſays de Phyſique. Je ne parleray que des choſes uniquement neceſſaires, & j'éviteray autant que je pourray les termes de l'art, afin que ceux mesme qui ne sont pas de la profession puissent m'entendre; toutefois malgré les soins que je prendray d'écrire clairement, ceux qui n'auront point veu la chose auront peine à s'en faire une idée distincte sur mon recit, & ils n'en reconnoistront la justesse qu'aprés qu'ils l'auront examiné sur l'original mesme.

L'oreille a deux parties, une externe qui paroist aux yeux & au toucher sans dissection, & l'autre interne cachée dans un des os de la teste, & dont on ne peut voir toutes les parties si l'on n'a beaucoup d'adresse pour les découvrir, ou qu'on n'emprunte pour cela la main d'un habile Anatomiste.

La partie externe de l'oreille

comprend un corps demy circulaire contigu à la teste, & le trou de l'oreille ou le conduit qui porte l'air jusqu'au commencement de l'oreille interne. Ce corps demy circulaire est formé d'un cartilage couvert d'une peau, sa surface interne n'est pas égale, mais elle a des replis & des eminences entre lesquelles on voit des cavites, dont la plus considerable conduist au trou de l'oreille. Cette partie comme toutes les autres qui ont du sentiment, & qui se nourrissent, à des arteres, des veines, & des nerfs, dont il n'est pas necessaire de parler ici.

Le trou de l'oreille est presque entierement cartilagineux dans les enfans, & ce cartilage est une continuité de celuy que je viens de décrire, qui prend la forme d'un canal rond, long, & qui eſt reveſtu en dedans & en dehors de la continuité de la peau, qui reveſt & qui couvre le cartilage demy circulaire. Ce qu'il y a d'oſſeux à l'extremité du trou de l'oreille dans les enfans, eſt un ſimple cercle qui n'eſt pas entier, & qui paroiſt un os diſtingué de celuy de la teſte; & dans les adultes il s'y uniſt de ſorte qu'il ne reſte aucun veſtige qui puiſſe donner à connoiſtre qu'il en ait jamais eſté deſuny, & il croiſt de maniere avec le reſte de l'os, qu'il forme une cavité qui dans les adultes fait une partie du trou de l'oreille, de façon qu'on peut dire que ce trou ou canal dans un âge avancé eſt cartilagineux en partie, & en partie oſſeux, & ſon extremité oſſeuſe eſt reveſtuë en dedans d'une peau ſemblable, & continuë à celle qui eſt dans la partie cartilagineuſe, de ſorte que c'eſt la meſme peau qui reveſt toute l'oreille externe.

Le trou ou conduit de l'oreille n'eſt pas droit, en ſorte qu'une ligne droite puſt aller diametralement au travers du crane, depuis celuy d'une oreille juſqu'à celuy de l'autre. A l'endroit où il eſt cartilagineux il va de bas en haut & de derriere en devant, & dans la partie oſſeuſe d'abord il va droit, & enſuite il deſçend un peu.

L'oreille interne dont la ſtructure eſt beaucoup plus difficile à connoiſtre, eſt composée du tambour & du l'abyrinthe.

Le tambour commence où finiſt le conduit de l'oreille, & ce

qui paroiſt d'abord eſt une membrane qui bouche un aſſez grand trou circulaire, & ſepare le trou de l'oreille externe de la cavité du tambour, empeſchant par ce moyen que l'air contenu dans l'oreille externe, ne touche immediatement celuy qui eſt enfermé dans la cavité du tambour. C'eſt aparemment la figure que fait cette membrane, en recouvrant ce trou, qui a fait donner le nom de tambour à la cavité qu'elle bouche, car du reſte cette cavité n'a point de reſſemblance à celle d'un tambour.

Or cette membrane qu'on appelle la membrane du tambour, eſt aſſez dure quoy-que peu épaiſſe, un peu convexe du coſté de la cavité du tambour, & un peu concave; par conſequent du costé du conduit de l'oreille, elle paroist attachée aux enfans dans l'enfonceure qui est au dedans de l'os circulaire, qui fait l'extremité du conduit de l'oreille externe.

Au de-là de cette membrane est la cavité du tambour, dont la figure est assez irreguliere, on la trouve en quelques endroits tapissée d'une membrane tres-déliée; on peut la diviser en deux, dont l'une est oblongue qui tend vers le haut & vers le derriere de la teste, l'autre à peu prés ronde tend vers le bas & vers le devant, & répond plus directment au conduit de l'oreille externe. La premiere qui n'a point de nom propre est de tous costez formée & couverte de l'os mesme; & la seconde que les modernes appellent la quaiſſe du tambour, eſt bouchée du coſté du conduit de l'oreille par la membrane qui l'en ſépare, & que j'ay décrite.

Ces deux cavitez n'ont rien qui les ſépare, mais plûtoſt n'en font qu'une que l'on diviſe ainſi, parce que la partie que l'on appelle la quaiſſe du tambour eſt beaucoup plus conſiderable que l'autre, à raiſon des choſes qu'elle contient & qu'il eſt neceſſaire de remarquer.

D'abord on y trouve trois oſſelets qu'on nomme le marteau, l'enclume, & l'eſtrier. Le premier qui ne reſſemble guere à l'inſtrument dont il porte le nom, eſt un oſſelet long où l'on diſtingue deux parties, l'une qui eſt plus longue & plus menuë qu'on appelle le manche, l'autre plus grosse & plus ronde qu'on appelle la teste, ces deux parties ne font pas une ligne droite, car cet os se recourbe vers sa teste.

Le manche à deux petites éminences pointuës qui sont proche la teste, la plus grande regarde la membrane du tambour, & la plus petite est à costé de la premiere; la teste du marteau a une cavité à un de ces costez formée par deux petites éminences.

Dans le second osselet qu'on appelle l'enclume, il faut considerer le corps & les deux jambes, dont l'une est plus grosse & plus courte, l'autre plus longue & plus menuë, qui a une cavité tres-petite à son extremité.

Au sommet du corps de l'enclume, il y a une double cavité

ſeparée par une petite éminence.

L'eſtrier eſt le mieux nommé de tous les oſſelets, à raiſon de la reſſemblance. La baſe eſt plus large & moins longue que les deux coſtez qui ſont à peu prés égaux, & forment par conſequent un triangle iſocele, qui a une petite cavité à ſa pointe, la baſe & les deux coſtez ont en dedans tout le long de leur étenduë une enfonceure manifeſte, l'eſpace enfermé entre les trois coſtez qni compoſent l'eſtrier eſt rempli par une membrane tres-déliée, mais pourtant fort viſible, qui n'eſt pas attachée dans l'enfonceure qu'on voit dans la baſe & dans les coſtez, mais à une de leurs ſurfaces externes.

Les modernes ont découvert un quatriéme oſſelet beaucoup

plus petit que les autres, qu'on peut appeller lenticulaire à cause de sa figure ronde & plate. Ce n'est point une portion de la plus longue jambe de l'enclume qui se romp, quand on le trouve, mais un os veritablement separé des autres, quoy qu'on en dise dans les Essays de Physique.

Il faut maintenant dire comment ces os sont situez & joints les uns avec les autres. Le marteau depuis la pointe de son manche, jusqu à l'endroit où il se recourbe, est de telle façon situé & attaché le long de la membrane du tambour, à peu prés depuis son centre jusqu'à sa circonference, qu'il paroist un demy diametre de son cercle, & le marteau se recourbant ensuite se termine sous un rebord que fait l'os qui forme la cavité du tambour, & là par le costé de sa teste qui a deux petites éminences & une cavité, il se joint au sommet du corps de l'enclume, de maniere que les deux éminences de la teste du marteau entrent dans la double cavité que j'ay remarquée au sommet du corps de l'enclume, & l'éminence de l'enclume qui separe la double cavité entre dans la cavité que les deux petites éminences du marteau forment. La plus courte jambe de l'enclume est receuë dans une petite cavité de l'os des temples à qui elle est attachée par une membrane fort déliée ; l'autre jambe de l'enclume est jointe à la pointe de l'estrier par le moyen de l'os l'enticulaire qui entre d'un costé dans la petite cavité qui est à la pointe de l'eſtrier, & de l'autre coſté dans celle qui eſt à l'extremité de cette jambe, & eſt attaché à toutes ces deux cavites.

Or le manche du marteau & les deux jambes de l'enclume ſont preſque en un meſme plan, paralele à la membrane du tambour. La plus longue jambe s'en écarte pourtant un peu, mais l'eſtrier eſt dans un plan tout à fait opposé & le plus éloigné du paralele à la membrane. De façon que la jambe de l'enclume dans ſon union avec l'étrier fait un angle droit, & ſi de cette extremité de la jambe de l'enclume on tiroit une ligne droite à la baſe de l'eſtrier, elle la diviſeroit en deux parties égales. Du reſte, cette baſe de l'eſtrier eſt appuyée ſur un trou qu'elle bouche à qui elle ne m'a point paru attachée par une membrane, quoy que j'y aye pris garde de fort prés en plusieurs sujets; or ce trou appellé ovalaire à cause de sa figure, penetre dans une cavité que je nommeray le centre du labyrinthe.

Il y a quatre muscles attachez à ces petits os, dont il y en a un qui a deux tendons, & le plus long de ces tendons est ce que les Auteurs ont pris pour un ligament qu'ils ont appellé la corde du tambour, quoy qu'il soit assez éloigné de la membrane; Comme je n'ay pû appercevoir ces quatre petits muscles bien distinctement, & encore moins remarquer avec assez d'exactitude leur origine & leur insertion, je renvoye le Lecteur à la description que Monsieur Mery en a faite dans sa Lettre, & qui sera garant de tout ce qu'il avance sur cette matiere.

Dans cette quaisse du tambour immediatement au dessous du cercle, ou la membrane est attachée, on voit un trou qui fait l'embouchure d'un canal membraneux ou cartilagineux, qu'improprement on nomme laqueduc, & qui se termine à l'extremité du trou du nez qui est au fond de la bouche du mesme costé, l'ouverture de ce canal dans la bouche m'a paru tellement disposée, que l'air qui descend du nez dans les poulmons peut y entrer plus aisément que celuy qui remonte.

Jusqu'ici on a pû remarquer trois trous dont j'ay parlé, qui se rencontrent dans la quaisse du tambour ; le premier & le plus grand eſt celuy que la membrane bouche ; le ſecond eſt celuy qui eſt bouché par la baſe de l'étrier, & qui donne entrée dans le centre du labyrinthe ; le troiſiéme eſt celuy de laqueduc qui eſt toûjours ouvert ; il y en a un quatriéme dont je parleray dans la deſcription du labyrinthe, dans lequel il eſt temps d'entrer pour en parcourir tous les détours.

Le labyrinthe qui eſt la ſeconde partie de l'oreille interne, eſt composé d'une cavité creuſée dans l'os de la teſte, d'un os creux par dedans, qu'on nomme la coquille, & de trois anneaux oſſeux & creux par dedans comme la coquille.

La cavité qui eſt la premiere partie du labyrinthe, n'a qu'une grandeur capable de contenir un pois, elle eſt formée dans le meſme os de la teſte qui contient les autres parties de l'oreille interne, je l'appelle avec aſſez de raiſon le centre du labyrinthe, parce que la coquille & les trois anneaux qui en font les détours y viennent aboutir par des trous manifeſtes.

La coquille eſt ainſi nommée à cauſe qu'elle reſſemble aſſez bien par ſa ſurface externe à la coquille d'un limaçon, & qu'elle eſt tournée de meſme maniere; elle a au dedans un noyau qui s'étend depuis ſa baſe juſqu'à ſa pointe, au tour duquel ſon corps monte en ligne ſpirale & fait deux tours & demy; le corps de la coquille eſt creux & diviſé en deux canaux ſeparez l'un de l'autre, en partie par une petite lame d'os qui sort du noyau de la coquille, & en partie par une membrane attachée à cette lame d'os, qui aprés avoir entierement achevé la separation de ces deux canaux se reflechist de costé & d'autre, & tapisse leurs costez, de façon que la partie de la membrane qui avec la lame d'os fait l'entiere separation des deux canaux de la coquille, est à son égard comme le mediastin à l'égard de la poitrine, & la partie reflechie de chaque costé comme la pleure.

Ces deux canaux ont à la base de la coquille chacun une embouchure assez grande, dont l'une aboutist dans le centre du labyrinthe sans avoir de membrane qui la couvre; l'autre se bouche bouchée d'une membrane ſe termine dans le fonds de la quaiſſe du tambour, dont elle fait le quatriéme trou, qui eſt directement vis-à-vis la membrane du tambour; ces canaux ainſi ſeparez à la baſe & dans tous leurs tours, diminuent peu à peu en approchant de la pointe, où enfin ils aboutiſſent & ſe communiquent par un fort petit trou, enſorte que l'air contenu dans l'un peut paſſer dans l'autre.

Les trois anneaux ſont trois os de figure circulaire, qui pourtant ne font pas chacun un cercle entier; ils ſont comme j'ay déja dit tous creux par dedans, & ont chacun deux ouvertures à leurs deux extrémitez, qui ſe terminent au centre du labyrinthe. Mais il faut remarquer qu'il y a deux de ces anneaux qui s'unissent par une de leurs extrémitez, & n'ont de ce costé qu'un trou commun ouvert dans le centre du labyrinthe; de façon que les trois anneaux n'ont que cinq trous ou cinq ouvertures, qui avec le trou d'un des canaux de la coquille & le trou ovalaire bouché par la base de l'estrier, font les sept trous qui se rencontrent dans le centre du labyrinthe, & dont il faut se ressouvenir. Ces trois anneaux ne sont pas couchez sur un mesme plan, ils ne sont pas non plus situez dans des plans paraléles, les uns vis à-vis des autres, ensorte qu'une ligne droite pust passer par leur centre; mais il y en a deux dont l'un touche l'autre, presque transversalement, & le dernier eſt un peu éloigné d'eux, & à ſon plan vis-à-vis l'endroit où ils s'approchent de plus prés. J'ay fait ouvrir pluſieurs de ces anneaux, tant déſeichez que nouvellement ſéparez du crane d'un enfant, dont j'ay fait diſſequer les deux oreilles, & je n'ay point remarqué qu'ils fuſſent tapiſſez en dedans d'aucune membrane.

C'eſt avec raiſon que j'ay compris ſous le nom du labyrinthe toutes les parties que je viens de décrire, puiſqu'elles ont toutes communication les unes avec les autres, & que l'air qui y eſt une fois ne peut en reſſortir quelque chemin qu'il faſſe, ou s'il le peut comme je diray dans mes conjectures, ce n'eſt que par un ſeul endroit par où il eſt entré, & avant que de le retrouver, il peut tourner & retourner mille fois par les mesmes chemins. Car si du centre du labyrinthe il entre dans un des anneaux, aprés avoir fait son chemin il se retrouve au mesme centre d'où il est party; si de là il passe dans le second, c'est de mesme; & si enfin il entre dans le troisiéme, c'est la mesme chose. S'il entre dans la coquille, il peut passer d'un canal dans l'autre par le petit trou qui est à la pointe, mais il n'en peut sortir; parce que le trou de ce second canal qui aboutit au fond de la quaisse du tambour est bouché par une membrane, & ainsi il faut qu'il y demeure, ou que s'il en ressort il retourne dans le centre du labyrinthe, par le mesme chemin par où il est entré.

Cet air est celuy que les anciens ont appellé l'air interne, & né avec nous; & il le faut considerer comme une partie necessaire contenuë dans le labyrinthe.

Il ne me reste plus qu'à parler du nerf auditif, qui est la cinquiéme paire suivant les anciens, & la septiéme suivant les modernes; on y distingue deux parties, une qu'on appelle dure & qu'on pretend ne servir de rien à la perception du son; c'est pourquoy il n'est pas necessaire de la décrire; l'autre qu'on appelle mole, & qu'on pretend absolument necessaire à l'organe de l'oüie: ce nerf est receu dans une cavité qu'on apperçoit sans dissequer l'os quand le crane est ouvert; sa partie dure passe au de là de la cavité par un trou manifeste, mais la partie mole s'y attache; & l'endroit de cette cavité où la partie mole eſt attachée, eſt directement ſitué au centre de la baſe de la coquille ſur le noyau qui n'eſt point percé, & qui ne reçoit aucune partie de ce nerf comme je l'ay remarqué dans un tres-grand nombre d'oreilles, dont les unes ont eſté diſſequées en ma preſence, & les autres l'êtoient déja.

J'eſpere que ceux qui ſe donneront la peine d'examiner cette deſcription ſur l'original meſme, la trouveront aſſez juſte & beaucoup moins embroüillée que celle qu'on a donnée depuis peu dans les Eſſays de Phyſique; j'ay examiné la choſe avec une tres-grande exactitude, & j'ay eſſayé de ne me pas tromper afin de ne pas tromper les autres; ceux qui voudront s'éclaircir de la verité, ne pourront jamais le faire dans les démonstrations publiques, il faut voir les choses de plus prés & en particulier, pour bien discerner la structure de toutes les petites parties que j'ay décrites: Si l'on en use de la sorte, on connoistra que je ne me suis pas trompé, & que les Auteurs des Essays de Physique se sont considerablement mépris en beaucoup de choses, sur tout en parlant de la coquille qu'ils ont si mal décrite, qu'il semble qu'ils ne l'ayent jamais veuë. Ils ne disent rien de son double canal, qui se rencontre constamment toûjours. Ils supposent que la membrane qu'on y trouve n'est point attachée d'un costé, & c'est elle qui avec la lame osſeuſe ſépare les deux canaux l'un de l'autre. Ils aſſeurent que le nerf penetre le noyau de la coquille, & l'on voit le contraire: Enfin ils prennent pour un meſme trou, celuy de la coquille qui eſt dans la quaiſſe du tambour, & celuy qui eſt dans le centre du labyrinthe qu'ils appellent le veſtibule, & cela eſt viſiblement faux; car celuy qui eſt dans la quaiſſe du tambour eſt bouché d'une membrane, & eſt à l'extremité d'un des canaux de la coquille, & celuy qui eſt dans le centre du labyrinthe eſt à l'extremité de l'autre canal de la coquille, & n'eſt bouché d'aucune membrane. Je ne ſçay auſſi comment il s'eſt pû faire que la membrane qui bouche l'eſpace enfermé entre les trois coſtez de l'étrier ſoit échappée à leur veuë ; perſonne que je ſçache n'en ayant encore parlé, s'ils l'avoient apperceuë ils n'auroient pas manqué de la décrire. Il eſt vray pourtant qu'il eſt aiſé de faire paroiſtre l'eſtrier ſans cette membrane, puiſqu'elle eſt tres-facile à rompre. Il n'eſt pas difficile auſſi de couper tellement la coquille ſur l'endroit où la membrane qui ſépare le double canal eſt attachée, qu'elle paroiſſe à peu prés telle qu'ils la décrivent, c'eſt-à-dire ſans eſtre attachée autre part à la coquille qu'à la lame d'os qui ſort de ſon noyau, & ſans par conſequent faire voir un double canal. Voilà je penſe comme ils font, Dieu me preſerve de croire que ce ſoit par malice, mais je ne puis m'abſtenir de penſer que c'eſt faute d'adreſſe : comme au contraire il me ſemble que c'eſt un tour d'adreſſe ſans aucune malice, en ceux qui m'ont fait voir la membrane de l'eſtrier, & les deux canaux de la coquille fort manifeſtement ſéparez ; car il ne me ſemble pas qu'on puſt par un eſprit de contradiction faire une membrane où il n'y en a point, ny en attacher une autre, par un de ſes coſtez, quand elle ne l'eſt pas naturellement.

De tout ceci, il faut conclure que ces Meſſieurs n'ont pas bien rencontré, quand ils ont établi la membrane de la coquille pour l'organe immediat de l'oüie, puiſque le nerf dont ils diſent qu'elle eſt formée n'entrant point dans le noyau, ne peut meſme imperceptiblement comme ils disent fournir au travers de l'os des filets, qui produisent cette membrane. Je ne les blâme pas d'ignorer cet organe, mais je ne puis approuver la hardiesse avec laquelle ils le déterminent sur de fausses suppositions, pour faire croire aux ignorans qu'ils sont plus sçavans que les autres. Afin de ne pas tomber dans la faute dont je les reprens, j'avouë ingenuëment que quelque application que j'apporte, je ne puis rien trouver qui me satisface sur ce sujet. Car estant convaincu comme je suis, que dans tous les sens la perception se fait par le moyen du nerf, qui transmet au cerveau l'action des objets qui le meuvent, & ne voyant pas que l'action de l air puisse arriver au nerf de l'oüie, je ſuis forcé de demeurer dans le doute dont je ne ſortiray pas que quelque nouvelle découverte ne me détermine. Il n'y a que tres-peu qu'on s'applique à examiner cet organe, peut-eſtre qu'on y trouvera quelque rameau de nerf qu'on n'a point encore apperçu, & qui ſervira à éclaircir les difficultez qui ſe rencontrent ſur cette matiere.

Ce que l'on peut dire de plus vray-ſemblable, eſt que la cavité & le conduit de l'oreille externe, ſervent à ramaſſer le ſon; c'eſt-à-dire, l'air agité par les corps qui produiſent du ſon, & que ſans leur ſecours il ne feroit pas ſur la membrane du tambour, la meſme impreſſion qu'il y fait. L'experience ſemble montrer ce que je dis, puisque ceux à qui l'on a coupé l'oreille jusqu'à la racine, ne peuvent oüir que confusément, comme le remarquent plusieurs Auteurs, & que ceux qui sont devenus presque sourds, ou par vieillesse, ou par quelque maladie, corrigent en quelque façon ce defaut par le moyen d'un cornet, qui ramasse l'air agité beaucoup davantage que l'oreille externe toute seule; & sur ce fondement l'on peut vraysemblablement conjecturer que la differente structure de l'oreille dans divers animaux, modifiant & ramassant l'air agité d'une maniere differente, est cause qu'ils peuvent avoir une perception differente à l'occasion de l'air agité par les mesmes corps; de sorte qu'un tambour ou une cloche excite peut-eſtre une perception differente dans l'homme, & dans les autres animaux.

Quoy qu'il en ſoit, il paroiſt certain que l'uſage de l'oreille externe eſt de recevoir l'air agité, en telle ſorte qu'il ſoit capable de faire ſur le nerf de l'oüie, l'impreſſion ou le ſon que les animaux reçoivent par ſon moyen.

Il eſt auſſi vray-ſemblable que la membrane du tambour ſert à communiquer à l'air qui eſt au dedans, l'impreſſion qu'elle reçoit de l'air agité au dehors, & que ſelon qu'elle eſt plus lâche ou plus tenduë, l'impreſſion ſe fait plus foiblement ou plus fortement.

Or cette membrane eſt apparamment tenduë par un muſcle, qui tire en dedans le manche du marteau, & par consequent cette membrane à qui il est attaché: & l'action de ce muscle venant à cesser, la membrane retourne à son état naturel, & se relâche.

L'air agité dans la quaisse du tambour, de la maniere que je viens de dire, frappe necessairement la petite membrane qui bouche le trou d'un des canaux de la coquille qui luy est directement opposée; & cette membrane cause la mesme impulsion dans l'air contenu dans le labyrinthe, que la grande membrane du tambour cause à celuy qui est dans la quaisse; de sorte que l'impulsion de l'air de dehors se communique jusqu'à l'air contenu dans le labyrinthe, & se perd enfin dans tous ses détours, comme il est necessaire qu'elle ſe perde, & qu'elle ceſſe.

C'eſt la ſeule idée que j'ay de l'uſage du labyrinthe, & qui ne peut eſtre reconnu qu'en conſiderant ſa ſtructure, & la neceſſité qu'il y a que l'agitation de l'air finiſſe en quelque partie de l'oreille interne. J'en ſerois meſme aſſez ſatisfait ſi je trouvois que dans tout ce chemin l'air puſt ébranler quelque portion de nerf, qui communiquaſt à l'ame contenuë dans le cerveau l'impreſſion de l'objet, comme il eſt neceſſaire que la choſe ſe faſſe. Il ne reſteroit plus ſur ce ſujet gueres d'obſcuritez, il faudroit encore pourtant examiner ſi l'air du labyrinthe peut paſſer par le trou ovalaire dans le tambour, & celuy du tambour mutuellement par le meſme trou dans le labyrinthe; d'un costé ce flux & reflux semble necessaire, de crainte que l'air du labyrinthe ne se corrompe; d'un autre il paroist impossible, parce que le trou ovalaire est si exactement bouché par la base de l'estrier, qu'on ne peut l'en tirer qu'à peine, & quelques-uns mesme pretendent que cette base est attachée par une membrane à l'os où est ce trou.

Il seroit encore difficile de dire le mouvement & l'usage de ces trois petits os que j'ay décris, quoy qu'on y fasse observer des muscles; mais on pourroit se consoler de l'ignorer puisque l'intelligence n'en paroist pas necessaire à nostre but principal, qui est d'expliquer comment l'impulsion de l'air arrive jusqu'au nerf de l'oreille interne.

Enfin il seroit encore mal-aisé de déterminer precisément l'utilité qu'apporte laqueduc, cependant on diroit vray-semblablement qu'il donne issuë à l'air contenu dans l'oreille interne, & entrée à celuy de dehors qui le rafraichist & le renouvelle. Je ne pretends pas assujettir personne à croire tout ceci, on voit bien la maniere dont je le propose; je serois bien-aise qu'un plus habile ou un plus heureux nous donnast une connoissance plus claire de toutes ces parties. Je fais part au public de ce que j'en ay pû connoistre dans le peu de temps que je m'y suis appliqué, il m'en sçaura gré si bon luy semble.

CHAPITRE XI.

De la Veuë.

LA veuë eſt le plus noble de tous les ſens externes, & le plus difficile à expliquer; c'eſt pourquoy, je n'en parle qu'aprés avoir traité des autres, pour épargner au Lecteur la peine qu'il auroit euë, ſi j'avois commencé par le plus mal-aiſé. L'œil dans l'opinion de tout le monde eſt l'organe de la veuë, mais on ne convient pas en quelle partie de l'œil la viſion ſe fait. Pour le déterminer avec plus de certitude, il faut parler de ſa ſtructure, & des divers uſages des parties dont il eſt composé.

Je ne diray rien des paupieres

qui le couvrent & qui le deffendent des injures externes; je m'arresteray seulement à d'écrire les parties qui semblent absolument necessaires à sa fonction.

Le globe de l'œil est composé d'humeurs & de membranes, les membranes sont communes ou propres. Les communes sont la conjonctive qui fait le blanc de l'œil, que les Anatomistes disent estre une continuité du pericrane, qui s'étend jusqu'à la partie qu'on appelle l'iris, & une autre membrane qui n'a point de nom, qu'ils disent estre formée de plusieurs tendons de muscles, qui s'étendent sur la cornée jusqu'à la circonference de l'iris, & celles-cy sont les moins considerables.

Les plus necessaires à nostre sujet sont les membranes propres qui ſont trois ; la cornée, l'uvée, & la retine.

La cornée qui entoure univerſellement tout le globe de l'œil, eſt une membrane dure & aſſez épaiſſe, opaque par derriere, & transſparente & polie par devant; quelques-uns croyent que c'eſt une production de la dure mere, & les autres n en veulent pas demeurer d'accord à cauſe de la diverſité de leur épaiſſeur & de leur conſiſtance.

L'uvée eſt une membrane beaucoup plus mince & plus déliée, qu'on pretend eſtre une production de la piemere, elle eſt opaque en toutes ſes parties, & de diverſe couleur en divers animaux, mais du coſté qu'elle touche la cornée, elle eſt enduite d'une noirceur qui gaſte les doigts, & qu'on en peut entierement ſéparer quand on la lave. On voit une partie de cette membrane au travers de la cornée, & c'eſt ce qu'on appelle l'iris de l'œil, à cauſe de la diverſité des couleurs qui s'y remarquent. Cette membrane à un trou au milieu de ſa partie anterieure où finiſt l'iris, c'eſt ce qu'on appelle la prunelle qui ſe dilate, & ſe reſſerre ſuivant la neceſſité. Ce trou eſt abſolument neceſſaire, car la membrane eſtant opaque, la viſion ne ſe feroit pas ſi pardevant elle entouroit l'œil.

Quelques-uns attribuent la dilatation & l'étreciſſement de la prunelle, à la differente action de la lumiere, qui eſtant forte l'étreciſt, & la dilate quand elle eſt plus foible. D'autres pretendent que la vertu de ſe dilater & de ſe reſtrecir, eſt dans la membrane meſme qui eſt comme une eſpece de muſcle ; & ils diſent auſſi que ces mouvemens ſont volontaires, quoy que nous n'y ayons pas une application particuliere, parce qu'ils dépendent de la volonté qu'on a de bien voir, & qu'ils la ſuivent. De meſme que le mouvement des lévres & de la langue qui ſert à la prononciation eſt volontaire parce qu'il ſuit la volonté que nous avons de parler, quoy que nous ignorions quel mouvement eſt neceſſaire à chaque mot que nous prononçons.

La retine eſt une membrane tres déliée, qui tapiſſe le fonds de l'œil, & que l'on pretend eſtre une dilatation du nerf optique, du moins il paroiſt certain qu'elle en eſt en partie formée, & que les eſprits qui coulent le long de ce nerf, ſe répandent dans cette membrane.

Il y a dans l'œil trois humeurs claires & tranſparentes, & parconſequent ſans couleur qui puiſſe alterer celle des objets qui doit y paſſer.

La premiere & la plus fluide eſt l'humeur aqueuſe, contenuë dans l'eſpace qui ſe trouve entre la partie anterieure de la cornée, & l'humeur cryſtalline; on l'a ainſi nommée à cauſe qu'elle reſſemble en conſiſtence à l'eau commune, & qu'elle fait à peu prés les meſmes refractions.

La ſeconde & la plus épaiſſe, mais auſſi la plus claire & la plus tranſparente eſt l'humeur cryſtalline,

ſtalline ſituée dans le centre de l'œil entre l'humeur aqueuſe qui eſt devant & l'humeur vitrée qui eſt derriere. Sa figure n'eſt pas exactement ronde, la ſurface qui regarde la prunelle eſt plus deprimée, & celle de derriere qui regarde le fonds de l'œil eſt plus ronde, elle eſt envelopée d'une membrane tres deliée ſemblable à la toile d'aragnée, & comme ſuſpenduë au milieu de l'œil par des ligaments ciliaires qui naiſſent de l'uvée, & qui l'y attachent ; on l'a nommée de la ſorte, parce qu'elle eſt claire & tranſparante comme du cryſtal, & qu'elle fait à peu prés les mêmes refractions.

La troiſiéme & la derniere des humeurs qui ſont dans l'œil, eſt celle que l'on nomme l'humeur vitrée, à cause qu'elle ressemble à du verre fondu ; elle a plus de consistance que l'humeur aqueuse & moins que l'humeur crystalline derriere laquelle elle est située au fonds de l'œil, dont elle occupe la plus grande capacité : car il y a beaucoup plus de cette humeur que des deux autres : elle est revestue d'une membrane tres deliée & prend la figure de l'espace qui la contient. On pretend qu'elle a une cavité où la partie posterieure du crystallin est receuë, ses refractions sont un peu moindres que celles du crystallin, & à peu prés semblables à celles de leau commune suivant les observations d un des plus sçavans hommes de ce siecle dans la Dioptrique. Outre toutes les parties qui composent le globe de l'œil, il y a pluſieurs muſcles qui ſervent, non ſeulement à le mouvoir de differens coſtés, mais encore à luy faire changer en quelque façon de figure, ſuivant la neceſſité de voir des objets plus ou moins éloignez; plus ou moins diſtinctement.

Or comme l'uſage de la pluſpart des parties qui compoſent l'œil conſiſte à faire les refractions neceſſaires pour la perfection de la viſion; avant que d'en parler, il faut expliquer en peu de mots ce que c'eſt que refraction, & quelle eſt ſon utilité pour la fonction de la veuë. La reflexion & la refraction ſuppoſent le mouvement d'un corps qui ne ſuit pas toûjours une même ligne, & qui par la rencontre d'un autre corps eſt obligé de ſe detourner.

On appelle ce détour reflexion, quand un corps qui s'est meu quelque temps rencontre la surface d'un autre qu'il ne peut penetrer & qui l'oblige de retourner vers le terme d'où il est party, comme lorsqu'on jette une bale contre une muraille.

La refraction au contraire se fait lors qu'un corps passe d'un lieu dans un autre, où il se meut avec plus ou moins de difficulté qu'il ne faisoit dans le premier; de sorte qu'il penetre la surface du corps qui le détourne, & dans qui il continuë pourtant de se mouvoir, comme lorsqu'on jette une bale qui passe de l'air dans l'eau.

Sans m'arrester aux diverses refractions qui se font dans la nature par le moyen de differens corps, je parleray ſeulement de celles de la lumiere qui ſe font dans les humeurs que j'ay décrites.

Pour les comprendre il faut ſçavoir que la refraction ſe fait en deux manieres; l'une, lorſque le corps en ſe detournant s'éloigne de la ligne perpendiculaire; l'autre, quand il s'en approche.

L'experience nous montre que la lumiere ou la couleur qui n'eſt qu'une lumiere reflechie, paſſant de l'eau dans l'air, ſe détourne & ſe recourbe, de maniere qu'en quittant ſon chemin elle s'éloigne de la ligne perpendiculaire; C'eſt ce qui fait que nous pouvons voir un eſcu, par exemple, dans un baſſin plein d'eau d'une diſtance, d'où nous ne le voyons pas lorſqu'il eſt vuide, & qu'il n'y a que de l'air, parce que la lumiere reflechie par l'eſcu, faiſant toûjours ſon chemin dans l'air, ſe meut en ligne droite & paſſe au deſſus de nos yeux. Mais quand de l'eau elle paſſe dans l'air, elle ſe détourne en telle ſorte à la ſortie de l'eau, que s'éloignant de la ligne perpendiculaire dans ſon détour, elle vient frapper directement nos yeux, ce qui nous fait appercevoir l'eſcu que nous ne verrions pas ſans cela d'une même diſtance.

Au contraire, quand la lumiere paſſe de l'air dans l'eau en ſe détournant à ſon entrée elle s'approche de la ligne perpendiculaire.

Sur ces fondemens, la lumiere paſſant de l'air par la prunelle dans l'humeur aqueuſe doit en ſe détournant s'aprocher de la ligne perpendiculaire, & continuant ſon chemin par l'humeur cryſtalline, elle s'en doit encore aprocher d'avantage, entrant enfin dans l'humeur vitrée, elle doit un peu s'en éloigner & avoir la même refraction que dans l'humeur aqueuſe, ſuppoſé que les refractions de la lumiere vers la ligne perpendiculaire ſe faſſent dans l'humeur aqueuſe, comme dans l'eau commune; dans le cryſtallin plus fortement, & dans l'humeur vitrée moins fortement que dans le cryſtallin, & de même à peu prés que dans l'humeur aqueuſe comme le remarque un celébre Auteur.

Aprés avoir bien compris tout cecy, on connoiſtra vray-ſemblablement l'uſage des principales partyes qui compoſent l'œil &

qui ſont neceſſaires à la viſion.

La cornée qui eſt tranſparente laiſſe paſſer les rayons de la lumiere & des couleurs par la prunelle que forme le trou de l'uvée; & ces rayons ſe ramaſſent au fonds de l'œil dans la retine par le moyen des refractions qui ſe font dans les trois humeurs ſans leſquelles pluſieurs de ces rayons qui continueroient dans l'œil leur chemin en ligne droite, ne fraperoient point la retine & ne feroient par conſequent point appercevoir l'objet d'où ils partent, comme on le connoiſtra aiſement en y faiſant reflexion.

Le principal uſage donc des trois humeurs ſont les refractions pour l'eſtenduë, & la perfection de la veuë. La partie de l'uvée qui forme la prunelle ſert à l'eſtrecir

& à la dilater ſuivant qu'il faut regarder des objets plus ou moins lumineux, de prés ou de loin, diſtinctement ou confuſement.

Les ligamens ciliaires qui en naiſſent & qui ſuſpendent le cryſtallin, ſervent à changer un peu ſa ſituation & peut-eſtre même ſa figure & toute celle de l'œil, ſuivant la diverſité des objets qu'on regarde & la maniere de les voir.

Sa partie poſterieure qui eſt derriere la retine, empeſche les rayons de paſſer au-de-là; ce qui fait que l'image s'y forme, & ceux qui du fonds de l'œil ſe reflechiſſent vers la partie anterieure ne retournent plus ſur la retine par une ſeconde reflexion, parce que la couleur de l'uvée eſtant noire & obſcure, les rayons s'y perdent & ne ſe reflechiſſent plus: & ſans cela les reflexions qui pourroient ſe faire, ſi les rayons frapoient un autre corps nuiroient ſans doute à la viſion.

Les muſcles de l'œil ont auſſi un uſage conſiderable pour le tourner de differens côtez, pour l'alonger ou pour le racourcir ſuivant la neceſſité, mais enfin la retine eſt l'organe immediat de la veuë à qui toutes les autres parties de l'œil ſe raportent, parce que c'eſt dans elle que les images ſe forment, & que les eſprits contenus dans les filets du nerf optique qui la compoſent, du moins en partie, en portent l'impreſſion & le caractere dans le cerveau, ce qui fait que l'ame qui en eſt reveſtuë aperçoit les objets comme j'ay dit dans les autres Sens.

Cecy ſe prouve aiſement par la fatale experience de ceux dont le nerf optique eſt bouché qui n'y voient en aucune maniere quoyque les humeurs ſoient tres claires & tres tranſparantes, & que les images des objets ſe forment au fonds de l'œil dans la retine, mais l'obſtruction du nerf empêche que l'impreſſion ou le caractere ne ſe communique à l'ame dans le cerveau.

De tout cecy, il faut conclure que les Anciens n'avoient pas bien examiné la choſe, quand ils ont dit, que la viſion ſe fait dans l'humeur cryſtalline, puiſqu'elle eſt diaphane & qu'elle laiſſe paſſer les rayons auſſi-bien que la cornée & les deux autres humeurs.

On peut auſſi aiſement reſoudre le probleme qu'on a coustume de proposer, sçavoir si la vision se fait par le moyen de rayons tres subtils & tres mobiles que l'œil envoye vers les objets qui les reflechissent, ou s'il n'y a que les objets qui envoyent dans l'œil leurs images & qui par ce moyen se font apercevoir ; car par la structure de l'œil on peut connoistre qu'il n'y a pas une source d'esprits assez grande pour en fournir la quantité qui seroit necessaire pour le grand nombre d'objets que nous voyons chaque jour : & quand même la source en seroit assez feconde, on ne pourroit pas comprendre comment ces esprits pourroient estre lancez en un moment jusques aux estoilles, dont nous sommes si éloignez.

D'ailleurs la maniere d'apercevoir ſemble devoir eſtre uniforme dans tous les Sens. Or il ne ſort rien de l'organe des autres ſens qui aille s'apliquer à leurs objets, au contraire ce ſont les objets mêmes ou quelques particules qui en ſortent qui frapent ces organes, la même choſe arrive dans la veuë. Pour le comprendre, il faut obſerver que la lumiere & la couleur ſont la même choſe, puiſque toutes les couleurs periſſent, & ne ſe peuvent apercevoir en l'abſence de la lumiere. De plus nous voyons qu'on peut diſpoſer le verre en telle ſorte qu'on fait diverſes couleurs par la ſeule reflexion de la lumiere qui tombe deſſus : Ce qui fait conjecturer avec raiſon que toutes les diverſes couleurs ne ſont que la lumiere differemment reflechie. Or cette lumiere eſt un corps puis qu'elle ſe meut & eſt reflechie par les corps dont les pores ne ſont pas diſpoſés de telle maniere qu'ils puiſſent la laiſſer paſſer. Ce corps n'eſt point ſimplement l'air agité ; car l'air ne peut penetrer le verre, ce que la lumiere fait facilement. C'eſt une ſubſtance bien plus ſubtile & qui ſe remuë avec bien plus de viteſſe. Lorſqu'elle frape directement la retine & que ce remuement ſe communique à l'ame, & le veſtige au cerveau, nous apercevons la lumiere. Quand au contraire elle tombe ſur un corps opaque qui la reflechit contre la retine, d'où l'impreſſion paſſe juſqu'à l'ame, & dont le caractere reſte dans le cerveau, nous apercevons la couleur; qui est differente suivant la diversité des surfaces qui la renvoyent. Cette diversité de surface n'est point sensible aux yeux ny au toucher. De deux marbres qui paroissent également polis, l'un est blanc, l'autre noir. Mais si l'on se servoit du Microscope on y trouveroit de la diversité, sans pourtant qu'on puisse par ce moyen déterminer quel arangement de parties quels angles, quelles éminences, doit avoir la surface d'un corps opaque, pour faire en reflechissant la lumiere, telle ou telle couleur. Or parce que la lumiere ne peut s'appliquer au corps, dont elle est reflechie sans prendre sa grandeur & sa figure, nous apercevons avec la couleur, la grandeur & la figure de l'objet coloré, en quoy consiste toute son image dont l'Ame sensitive se revest par le moyen des esprits animaux contenus dans les nerfs de la retine, de même que j'ay dit de tous les autres sens.

Il est aisé d'expliquer dans ces principes pourquoy nous voyons mieux un objet éclairé par un flambeau qui est proche de luy, & éloigné de nous, que lorsque le flambeau est prés de nous, & loin de l'objet; parce que plus le corps lumineux est proche de l'objet, la lumiere perd moins de son mouvement pour le rencontrer, & ainsi estant reflechie avec plus de force elle ébranle la retine plus fortem nt, & nous fait voir avec plus de clarté. Or cette diversité ne se trouveroit pas, si la lumiere n'estoit qu'une ſimple condition pour apercevoir la couleur comme on croit dans l'opinion commune.

Je pourrois apporter & expliquer quantité d'autres experiences fort curieuſes : mais je n'ay eu deſſein que de donner une idée generale de la maniere dont l'ame ſenſitive que j'ay décrite, quoyque corporelle, peut pourtant avoir diverſes perceptions ou connoiſſances eſtant appliquée à differens organes, ſans m'engager à parler exactement de la nature des objets qui excitent ces perceptions.

CHAPITRE XII.

Des Sens internes.

SUivant l'opinion commune on appelle Sens internes, ceux dont les organes ſont cachez au dedans. Mais pour mieux dire c'eſt la principale portion de l'Ame ſenſitive contenuë dans le cerveau qui peut penſer à des objets qui ne frapent point actuellement les organes des Sens externes : on en diſtingue trois, le ſens commun, l'imagination, & la mémoire. On appelle ſens commun un ſens interne, qui connoiſt la difference qui ſe rencontre entre les objets des ſens externes; par exemple, il diſcerne les couleurs d'avec les ſons, les ſaveurs d'avec les odeurs. Ce ſens dit-on travaille toûjours durant la veille, & eſt aſſoupi pendant le ſommeil : de façon qu'on définiſt la veille par le travail de ce ſens, & le ſommeil par ſon repos. L'imagination eſt un ſens interne qui peut penſer à des objets qui ne frapent point actuellement les organes des ſens externes, & qui ſouvent ne s'y ſont point preſentez ſous la figure qu'il les imagine. Ainſi, quoy-qu'il n'y ait point de liévres cornus, ce ſens peut s'en repreſenter. La memoire enfin, eſt un ſens interne qui fait reſſouvenir l'animal de ce qu'il a connu autrefois. Voilà ce qu'on dit d'ordinaire, mais comme cela n'explique rien, il faut laiſſer les

Auteurs avec leurs ſentimens, & rentrer chez-nous pour voir ce qui s'y paſſe afin de l'expliquer ſuivant les principes que j'ay établis.

CHAPITRE XIII.

Du Sens Commun.

IL eſt certain que nous diſcernons la difference qu'il y a entre les objets des Sens : par exemple, nous ſentons en nous-meſmes que les ſaveurs & les odeurs ſont differentes. Nous pouvons auſſi penſer à des objets qui n'agiſſent point actuellement ſur les organes de nos ſens, & meſme nous pouvons nous repreſenter des objets qui n'ont jamais eſté tels que nous les feignons, comme des hommes aiſlés. Enfin nous pouvons nous reſſouvenir d'avoir mangé une poire, flairé une roſe, &c. Voilà ce qu'il y a d'aſſuré, & ce qu'un chacun peut aiſément éprouver en ſoy-meſme. Vray ſemblablement, les animaux ont les meſmes avantages, plus ou moins parfaitement, ſuivant leur degré de perfection; Car on ne peut expliquer tout ce qu'on leur voit faire ſans leur accorder ces privileges. Or pour comprendre comment cela ſe fait, il faut ſe ſouvenir que le cerveau, comme j'ay dit ailleurs, eſt la ſource ou plûtoſt le reſervoir où l'ame eſt contenuë, & que delà elle découle dans tous les nerfs qui ſont diſperſez dans les organes des ſens externes : de façon que nous apercevons la diverſité des objets de ces ſens, parce que par le moyen des nerfs où elle eſt contenuë, ils luy communiquent diverſes impreſſions dont les traces, les veſtiges ou les caracteres demeurent gravez dans le cerveau. Ainſi ce qu'on appelle la fonction du ſens commun n'eſt point diſtinguée de ces impreſſions differentes cauſées dans l'ame par l'action des objets qui remuent actuellement les eſprits animaux enfermez dans les nerfs, & continus à l'ame comme les ruiſſeaux à leur ſource.

CHAPITRE XIV.

De l'Imagination.

PArce que les veſtiges des impreſſions que l'Ame ſenſitive reçoit des objets, reſtent dans le cerveau aprés qu'elle en eſt dépoüillée, elle peut une autrefois penſer à ces meſmes objets, ſans qu'ils agiſſent de nouveau ſur elle par le moyen des organes des ſens: d'autant qu'elle penſe à un objet, lorſqu elle en a l'impreſſion ou l'idée, & elle peut ſe revétir de cette idée en s'appliquant au veſtige qui eſt demeuré dans le cerveau par la premiere action de l'objet.

Pour éclaircir ceci par une comparaiſon ſenſible, il faut faire reflexion à ce qui se passe quand on fait des verres differemment figurez. L'air agité d'une certaine maniere par celuy qui souffle, imprime au verre une figure qui y reste, aprés qu'il en est sorty, & quand il y rentre par quelque cause que ce soit, il se revest de la même figure qu'il avoit en formant le verre, quoyque ce ne soit point un homme qui luy donne les mesmes agitations: Ainsi l'ame qui est à l'égard du cerveau, comme l'air à l'égard du verre; communique au cerveau le caractere de l'impression que l'objet luy donne, & quand elle rentre dans ce caractere ou dans ce vestige, quoyque l'objet ny soit plus, elle se modifie necessairement de la mesme façon qu'elle estoit, lorsque l'objet actuel-

actuellement present produisoit en elle l'idée ou l'impression dont elle a communiqué le vestige au cerveau.

Par ce moyen l'ame peut penser non seulement aux objets absens, dont elle à autrefois receu l'idée par l'entremise des organes des sens exrernes; mais elle peut encore se former une idée des choses qu'elle n'a jamais apperceuës par les sens Ceci se fait en ajoûtant ou diminuant à ce qu'elle a vû Elle peut se representer, par exemple, des liévres cornus, en entrant en mesme temps dans les vestiges de liévres & de cornes, autrefois tracez dans le cerveau par ces divers objets qui luy ont imprimé leur idée. Elle peut aussi se representer des liévres sans queuë en ne s'appliquant point entierement au caractere gravé dans le cerveau par la premiere idée qu'elle a receuë du liévre. Toutes les autres chimeres que l'Ame ſenſitive peut ſe former, ſe font avec l'une ou l'autre de ces manieres. Or ſoit qu'elle penſe aux objets abſens, & qu'elle ſe les repreſente comme elle les a vûs, & comme ils ſont en effet; Soit qu'elle forme d'autres idées que celles qu'elle a receuës par le moyen des Sens, on l'appelle imagination.

CHAPITRE XV.

De la Memoire.

Lorſque l'Ame ſe reſſouvient d'avoir autrefois apperceu par les Sens les objets absens qu'elle se represente, on l'appelle Memoire. Cela se fait quand elle se revest de l'idée de l'objet de la maniere que je viens de dire dans l'Imagination, & en mesme temps de l'Idée, du moins confuse, du temps auquel la sensation s'est faite. Car la seule difference qu'il y a entre l'Imagination & la Memoire, c'est que l'Imagination est l'idée de la chose sans l'idée du temps, & du lieu; & la memoire est l'idée de la chose avec les idées du temps & du lieu dans lesquels l'objet a esté connu la premiere fois, & a gravé son caractere dans le cerveau par le moyen de l'impression qu'il a donnée à l'ame. Or la memoire est claire & distincte quand les vestiges de l'objet principal, du lieu & du temps ont esté également gravéz dans le cerveau, & que l'ame y rentre également, & se revest des impressions ou des idées qu'ils sont capables de luy redonner. Au contraire la Memoire est confuse, quand l'ame plus occupée de l'idée de l'objet que de celles du lieu & du temps en a plus profondément gravé le caractere par la necessité de l'agitation qu'elle a receuë la premiere fois que l'objet l'a touchée; parce que dans cette conjoncture, il est plus facile à l'ame de reprendre l'impression de l'objet que celles du lieu & du temps, dont les foibles traces superficiellement imprimées au cerveau s'effacent aisément par la suite des jours. Suivant ces principes, on peut facilement expliquer l'oubli des choses, & la necessité qu'il y a d'en renouveller de temps en temps l'idée par leur presence.

Cette Philosophie n'est pas commune. Il faut pour la comprendre, peu de lecture & beaucoup de meditation. Il est malaisé de concevoir comment le temps peut imprimer son idée à l'Ame sensitive, il semble qu'il ne frappe point nos sens, qu'on ne sçait pas bien ce que c'est, & qu'il dépend de l'Esprit. Cependant les reflexions font enfin comprendre comment la chose se fait. Car que faut-il, par exemple, afin qu'un berger se souvienne qu'un loup a pris sa brebis à soleil couchant, Il suffit qu'il ait en mesme moment l'idée du loup, de ſon action ſur la brebis, & du ſoleil à un certain point de l'Horiſon Or ces idées ſont données à l'ame par le moyen de la veuë, & leurs caracteres reſtent dans le cerveau, deſquels elle peut reprendre ſes impreſſions Il n'eſt pas neceſſaire de connoiſtre la nature du temps en general, & par abſtraction, ny d'en ſçavoir toutes les queſtions Metaphyſiques qu'on en fait dans l'école. C'eſt aſſez qu'en particulier, il ſoit marqué, comme il eſt, par des choſes qui tombent ſous les ſens.

CHAPITRE XVI.

De la Veille & du Sommeil.

POur ne rien oublier de ce qui appartient à l'Ame ſenſitive, il faut dire quelque choſe de la veille, du ſommeil & des ſonges qui l'accompagnent. La veille n'eſt autre choſe qu'une diſpoſition prochaine des Sens externes à faire leurs fonctions, ainſi l'animal veille quand les organes des ſens ſont en eſtat de recevoir l'impreſſion des objets, & de la communiquer à l'ame contenuë dans le cerveau. Le ſommeil au contraire eſt un empeſchement des Sens externes qui fait leur ceſſation & leur repos. Or la veille provient de la force de l'ame qui peut tenir le cerveau dilaté & les embouchûres des nerfs assez ouvertes pour y faire couler les esprits afin de les rendre susceptibles de l'impression que les objets doivent faire sur eux pour se faire sentir. Le sommeil au contraire vient de la foiblesse de l'ame, & l'animal dort, quand elle n'a point assez de force pour tenir le cerveau en cet état; ce qui fait qu'il s'affaisse & comprime l'entrée des nerfs, en sorte que les esprits n'y peuvent couler assez abondamment pour les rendre propres à ressentir l'action des objets. La force de l'ame dépend du nombre & du mouvement des particules qui la composent, de maniere qu'elle a beaucoup de force quand il y a un grand nombre de ces particules dans le cerveau, & qu'elles se remuent avec une grande vitesse. Ainsi tout ce qui contribuë à multiplier ces particules, ou à augmenter leurs mouvemens augmente la force de l'ame, & fait veiller l'animal. Au contraire ce qui diminuë le nombre de ces particules comme les longues veilles, ou les embarasse dans leurs mouvemens, comme l'excez du vin, & l'opium, diminuë la force de l'ame, & fait dormir.

CHAPITRE XVII.

Des Songes.

DUrant le sommeil l'ame n'est pas entierement en repos, autrement elle seroit morte, puisque sa vie consiste dans le mouvement. Elle se remuë donc toûjours, & se revest des idées de quantité d'objets en s'appliquant à leurs caracteres gravés dans le cerveau; c'est ce qui fait les songes. Or comme durant ce temps, elle est dans un état de foiblesse, elle cede à tout ce qui la pousse, & le batement des arteres du cerveau l'agite de côté & d'autre, sans qu'elle puisse y resister. Ainsi elle prend indifferemment les idées de choses tres differentes, & mesme fort éloignées de la nature l'une de l'autre, suivant qu'elle entre dans leurs vestiges tracez dans le cerveau. Cela fait l'extravagance des songes qui sont tantôt agreables, & tantôt fâcheux suivant la nature des objets qu'ils representent. Et comme l'ame n'a point toute sa force dans le ſommeil, les idées du bien & du mal font ſur elle toute l'impreſſion qu'elles peuvent y faire, ſans que par reflexion elle puiſſe la diminuer. De maniere qu'en cet état elle reſſent plus vivement que durant la veille, le plaiſir qui ſuit l'idée du bien, & la douleur qui ſuit l'idée du mal.

Voilà mes conjectures ſur la maniere des connoiſſances de l'Ame ſenſitive. Je ſçay par avance les differens jugemens qu'en feront nos ſçavans. Les uns en ſoûriant diront que cette explication eſt une imagination jolie. Je les prie de nous en donner une plus ſolide. Car il ne faut pas mépriſer les autres ſi l'on n'eſt capable de faire mieux: les plus impetueux crieront qu'elle eſt extravagante. Et je ſuis preſt de faire voir que toutes les leurs ſont impertinentes Les plus malicieux enfin, publieront avec un viſage grave & ſerieux qu'elle eſt dangereuſe, & qu'on pourroit bien dire la meſme choſe de l'Ame raiſonnable. Tant pis pour ceux qui ſont ſi peu fermes dans leur religion que d'en abandonner la certitude pour des raiſonnemens douteux. Ce n'eſt pas mon deſſein qu'ils le faſſent, puiſque je ſerois fort fâché de le faire. Mais en ceci, je ne dis rien qui puiſſe plûtoſt engager perſonne à tirer une conſequence dangereuſe en matiere de foy, que ce qu'ils prononcent eux-meſmes de la nature de l'Ame ſenſitive. Ils ſont Peripateticiens, & aſſurent par conſequent que cette ame eſt une forme ſubſtantielle tirée de la matiere à qui ils attribuent la vertu de faire toutes les fonctions des Sens externes & internes, que j'ay expliquées méchaniquement par le mouvement d'un corps tres-ſubtil d'une nature particuliere & differente des autres corps de l'univers, que je dis eſtre l'Ame ſenſitive. Or s'ils pretendent que parce qu'un corps eſt capable de faire ces fonctions des Sens, on peut inferer qu'un autre corps plus parfait ſera auſſi capable de faire les fonctions de l'Ame raiſonnable; On leur dira de meſme, que ſi une forme ſubſtantielle tirée de la matiere peut faire les fonctions qu'on voit dans l'Ame ſenſitive; Une autre forme plus parfaite tirée de la matiere, pourra auſſi faire celles de l'Ame raiſonnable. Ainſi mon opinion n'eſt en ce point pas plus dangereuſe que la leur. Mais la difference qu'il y a dans noſtre maniere de Philoſopher en ce point, & en tous les autres; c'eſt qu'ils aſſurent les choſes poſitivement, & moy je n'avance rien que comme vray-ſemblable: Ce qui fait que ceux qui ſuivront mes principes n'auront jamais rien d'oppoſé aux propoſitions de foy à qui ils ſoûmettront toûjours leur vray-ſemblable, & leur apparence, puiſque meſme ils ne voudroient pas pour la défence de leurs opinions rompre avec leurs amis. Mais ces Meſſieurs qui en toutes choſes penſent voir la verité toute nuë ſacrifient tout pour ſoûtenir leurs pretenduës démonſtrations.

SECONDE PARTIE.

DES PASSIONS.

CHAPITRE I.

Ce que c'est que Passion en general, & quel en est l'organe.

APRES avoir décrit la maniere dont l'Ame sensitive connoist ses objets, l'ordre m'oblige d'expliquer les mouvemens qui suivent ses connoissances, & que vulgairement on appelle passions. Mon dessein n'est pas d'en écrire exactement, & de ne rien oublier de ce qu'on peut en dire; Je veux ſeûlement faire connoiſtre leur nature, & montrer comment un corps tel que j'ay dit eſtre l'Ame ſenſitive, enfermé dans un autre composé de divers organes peut les reſſentir. Or pour le concevoir, il faut ſe conſulter ſoy-meſme & obſerver autant qu'il eſt poſſible, ce qui ſe paſſe chez nous dans les paſſions. On y remarque, en y faiſant reflexion, un mouvement extraordinaire dans les arteres & dans le cœur, un changement dans les yeux & dans la couleur du viſage, & chacun reſſent un je ne ſçay quoy dans chaque paſſion, ſans pouvoir préciſément déterminer où ſe fait ce ſentiment. Cependant il eſt vrayſemblable que c'eſt dans le cœur, & meſme dans les Paſſions violentês les plus idiots le détermi-nent en montrant l'endroit de la poitrine où ils ſentent plus d'agitation. En effet tous les changemens externes & ſenſi-bles qui nous marquent les Paſſions procedent du cœur, comme de leur ſource; ce qui nous donne une conjecture aſ-ſez forte pour établir que c'eſt l'organe, par le moyen de qui l'ame les reſſent. Les Paſſions donc ſont de veritables ſenti-mens qui ſont propres au cœur, comme les couleurs aux yeux, les ſaveurs à la langue, les ſons aux oreilles; noſtre langue dont les expreſſions ſont fort naturelles confirme ma penſée: Elle exprime ſouvent les Paſ-ſions par le mot de ſentir, & le mot de ſentiment ſert pour expliquer la penſée & la paſſion. On dit à un homme que l'on conſulte quels ſont vos ſentimens ſur le ſujet que je vous propoſe. On dit de meſme à une perſonne dont on doute de l'affection, je ſerois bien-aiſe de ſçavoir, ſi vous avez pour moy un veritable ſentiment d'amour. On dit auſſi, je ſens que je vous aime, j'ay un ſentiment de pitié pour les miſerables : Je me ſens pouſſé d'un violent deſir, &c. Mais ſans avoir recours aux expreſſions de noſtre langue, ſi chacun fait reflexion ſur l'état où il ſe trouve, quand il dit ſincerement j'aime, ou je ſuis en colere ; on tombera d'accord de ce que j'avance ; parce qu'on a en ſoy-meſme de certains ſentimens qu'on exprime par ces paroles. De plus, tous les mouvemens qui ne ſont point des ſentimens, peuvent eſtre conceus par ceux qui n'en ſont point capables, ainſi quoy que nous ne puiſſions voler comme les oiſeaux : nous comprenons pourtant aiſément ce que c'eſt que voler. Mais les mouvemens qui ſont des ſentimens, ne peuvent eſtre clairement compris que par ceux qui les ont éprouvés en eux-meſmes, par exemple, un aveugle né, quoy qu'on puiſſe luy dire ne comprend point ce que c'eſt que voir. D'où il faut conclure que les Paſſions ſont des ſentimens, puiſqu'on ne peut les faire concevoir à ceux qui ne les ont jamais reſſenties. Par exemple, on ne peut jamais enſeigner à un autre, ce que c'eſt que l'amour, s'il n'a jamais aimé, non plus que luy faire concevoir ce que c'eſt que voir, s'il n'a jamais vû. On peut bien luy faire entendre que lorſqu'on a de l'amour pour une perſonne, on y penſe toûjours, on la cherche en tous lieux, on tâche de luy plaire, on craint de l'offencer, on la préfere à toutes choſes. Mais ce n'eſt point luy faire ſentir ce que c'eſt qu'aimer. Ce n'eſt point luy donner ce mouvement interieur d'amour, qui précede & qui cauſe tous ceux que je viens de dire.

CHAPITRE II.

Comment se font les Passions.

LEs Passions estant des sentimens dont le cœur est l'organe, comme le ventricule l'est de la faim, la langue du goust. Pourvû qu'on ait bien compris la maniere dont les sentimens qui sont des connoissances, se produisent dans l'ame par le moyen des organes des sens externes, il ne sera pas difficile de concevoir comment les Passions qui sont des sentimens d'une autre espece peuvent y estre excités par le moyen du cœur. Voici, suivant mes conjectures, comment la chose peut se passer. Quand l'Ame sensitive a receu l'idée d'un objet agreable, elle est déterminée à couler en abondance dans le cœur par les nerfs, & cette détermination vient apparemment de la structure de la machine, dont nous ne pouvons déméler les ressorts. Si nous avions des moyens pour découvrir entierement la structure du corps, nous ne serions point étonnez des divers mouvemens de l'ame, nous verrions la necessité de ces déterminations: Mais parce qu'il y a une infinité de conduits & de ressorts qui se dérobent à nostre veue, nous sommes surpris, & il faut perdre l'esperance de pouvoir rien déterminer en particulier sur ce sujet. C'est pour cela que je ne parle que du general des choses sans m'embarasser dans le détail, ou l'erreur eſt inévitable. C'eſt donc par conjecture que je dy que l'ame reveſtuë de l'idée d'un objet agreable eſt déterminée à couler dans le cœur qu'elle dilate plus qu'à l'ordinaire, qu'elle rarefie le ſang contenu dans ſes ventricules, augmente ſon mouvement, & en exalte la couleur : Ce qui fait que les yeux brillent davantage, & que le teint eſt plus éclatant. Au contraire quand l'ame à l'idée d'un objet fâcheux, elle coule moins dans le cœur que dans un eſtat d'indifference, ce qui fait que le cœur ſe reſſerre, & cela cauſe un ſentiment douloureux.

CHAPITRE III.

Comment les Objets agiſſent ſur le Cœur.

COmme il eſt neceſſaire pour appercevoir les objets, qu'ils agiſſent ſur les organes des ſens, & que leur action ſe communique par le moyen des eſprits animaux, qui ſont des émanations ou des ruiſſeaux de l'ame contenus dans les nerfs, juſques à l'ame qui eſt dans le cerveau; Il faut de meſme pour ſentir une paſſion pour un objet, qu'il agiſſe ſur le cœur, & que cette action ſe communique à l'ame contenuë dans le cerveau. Il ne faut point eſtre ſurpris de ce que les objets, ſuivant mon opinion, agiſſent

agiſſent Phyſiquement ſur le cœur. Pour en eſtre convaincu, il n'y a qu'à conſiderer ces promptes émotions qui arrivent aux Amans quand ils s'abordent. Le cœur leur bat avec violence, & le feu qui en ſort leur monte en un moment ſur le viſage. Cela ſe remarque auſſi aiſément à la rencontre de deux ennemis, dans la colere & dans toutes les paſſions violentes, & quoy qu'on s'en apperçoive moins quand elles ſont moderées, ou qu'on tâche de les cacher; Il faut pourtant que dans toutes, les objets agiſſent phyſiquement ſur le cœur, ſoit en y pouſſant l'ame ou les eſprits quand ils ſont agreables, ſoit en les retirant quand ils ſont facheux.

CHAPITRE IV.

Preuve du precedent.

POur mieux eſtablir l'opinion que je viens de propoſer, il faut obſerver que les objets pour qui nous ſentons des paſſions, ſont actuellement preſens à nos ſens, où ne le ſont qu'à noſtre ſouvenir. Lorſqu'ils frapent actuellement nos ſens, il n'eſt pas difficile de concevoir comment ils peuvent agir phyſiquement ſur noſtre cœur, puiſqu'il eſt aisé de comprendre que les eſprits contenus dans les organes des ſens agités par les objets, communiquent cette agitation à l'ame, dont elles font une partie, & ſuivant que l'idée ou l'impreſſion qu'el lereçoit par ce moyen, eſt agreable ou facheuſe, elle eſt déterminée à couler plus abondamment dans le cœur, ou à s'en retirer en partie : Et ainſi il eſt évident que l'action de l'objet ſur l'organe ſe continuë juſqu'au cœur. Mais quand l'objet n'eſt plus preſent à nos ſens, il ſemble qu'il ſoit plus difficile de concevoir comment il peut agir phyſiquement ſur noſtre cœur. Cependant, ſi l'on conſidere qu'en agiſſant la premiere fois ſur l'ame, il a par le moyen de l'impreſſion qu'il luy a donnée, gravé dans le cerveau un caractere ou un veſtige qui redonne à l'ame, quand elle s'y applique, la meſme idée qu'elle en a receuë quand il a frapé les ſens, & que l'ame ayant cette idée, à ses mesmes determinations à couler vers le cœur, ou à s'en retirer : Si l'on se remet dis-je, en memoire, la maniere dont l'ame pense aux objets absens. On pourra comprendre leur action physique sur le cœur; parce que l'impression que l'ame fait sur luy, quand elle a l'idée d'un objet absent, est un effet du vestige qu'il a laissé dans le cerveau, & ce vestige doit passer pour la vertu de l'objet qui la produit. Et ainsi l'objet est la premiere cause de tous les mouvemens qui naissent par determination de ce vestige. Je dis par determination, d'autant que n'ayant point de mouvement, il ne peut point en donner: mais l'ame estant toûjours en mouvement, il peut par sa rencontre la determiner à aller plûtost d'un costé que d'un autre.

CHAPITRE V.

En quoy differe l'opinion proposée au precedent chapitre de l'opinion commune.

DE tout ceci, il faut conclure premierement, que mon opinion differe de la commune, en ce que j'admets une action physique de la faculté qu'on appelle imagination, sur celle qu'on nomme apetit sensitif: Car l'imagination n'est autre chose que l'ame qui peut penser à des objets absens, en s'appliquant aux vestiges qu'ils ont laissez dans le cerveau où elle est contenuë, & l'apetit sensitif n'est autre chose que l'ame, qui par le moyen du cœur à certains sentimens qui la portent vers les objets ou l'en détournent. Or l'ame contenuë dans le cerveau, meut physiquement les esprits, & la propre substance du cœur, & cette impression qu'elle fait sur le cœur retourne, comme j'ay dit, à elle-mesme dans le cerveau: Car sans cela nous ne sçaurions pas que nous aimons, ou que nous hayssons. Et nous ne pourrions nous souvenir d'avoir aimé ou hay, si l'impression sur le cœur ne gravoit son caractere dans le cerveau, comme l'impression des corps savoureux sur la langue y marque le sien. Dans l'opinion commune au contraire, l imagination n'agit que moralement sur l'apetit, en luy representant les objets, qui eſt une façon d'expliquer tres confuſe ; car ceux de ce party avoüent que l'apetit eſt aveugle, & ne ſe ſouviennent pas d'un proverbe fort trivial, qui aſſure qu'il eſt inutile de porter un flambeau devant un aveugle. Je ſçai leurs détours ſur ce ſujet, mais ils ne meritent pas d'eſtre refutez, & de plus ce ſeroit aller au delà de mon deſſein, qui n'eſt que d'établir mes conjectures.

La ſeconde choſe qu'il faut conclure de mon opinion, eſt que comme on dit que l'ame voit avec les yeux, flaire avec le nez, gouſte avec la langue ; Il faut dire de meſme qu'elle aime, qu'elle haiſt, qu'elle deſire, qu'elle eſpere, avec le cœur.

CHAPITRE VI.

Du nombre des Paſſions.

COmme je ne ſuis pas d'accord avec ceux de l'opinion commune touchant la nature des paſſions, je n'y ſuis pas non plus touchant leur nombre. Je ne veux pourtant pas m'eſtendre beaucoup ſur cette matiere qui n'eſt pas abſolument du ſujet que je traite, puiſque mon deſſein n'eſt que de donner une idée de la maniere dont les paſſions en general naiſſent dans l'ame par le moyen du cœur qui en eſt l'organe; ce qui peut ſervir de principe pour les expliquer toutes en particulier. Je dy donc ſeulement qu'il y a ſept ſortes de paſſions ſimples, l'amour, l'averſion, la joie, la triſteſſe, le deſir, la crainte, & l'eſperance. Quand l'ame aperçoit un objet plaiſant, elle ſent de l'amour; quand il eſt facheux elle a de l'averſion. Ces deux paſſions ſont les premieres, & pour ainſi dire les racines d'où les autres naiſſent. Lorſque l'ame reſſent ce premier mouvement qui la porte vers un objet agreable, & que je nomme amour ou inclination, elle demeure autant qu'elle peut reveſtuë de l'idée qu'elle en a, & ſi par une autre idée elle aperçoit qu'il ſoit en ſa puiſſance elle a un ſentiment de joie qui accompagne le premier. Si par une autre pensée elle aperçoit qu'il n'y ſoit pas, & qu'il luy paroiſſe qu'elle peut l'obtenir, elle ressent en même-temps deux mouvemens differens & inseparables l'un de l'autre, qu'on appelle le desir & l'esperance. Au contraire, quand l'ame aperçoit un objet facheux elle conçoit de l'aversion. Si ce mal luy paroist arrivé, elle a de la tristesse, si elle connoist qu'il soit absent & qu'il la menace, elle a de la crainte. Or presque toutes ces passions naissent souvent ensemble à l'occasion d'un même objet par divers raports. Ainsi quand on aime une belle personne on se réjoüit d'en estre aimé On souhaite que son amour dure, & on l'espere. On craint son inconstance. On a de l'aversion pour les rivaux, on a de la tristesse, si elle leur dit seulement une parole obligeante, ou qu'elle jette ſur eux un regard favorable, ce mélange de paſſions diverſes dans une violente amour, fait les tourmens dont les amans ſe plaignent : Ils les reſſentent en effet par les mouvemens oppoſez qui ſe font dans leur cœur, mais pas ſi grands je penſe comme ils les exagerent.

CHAPITRE VII.

Ce qui a trompé les Philoſophes dans le dénombrement des Paſſions.

IL me ſemble déja voir tout le peuple Latin irrité de ce que je n'ay point parlé de la colere, de la haine, de la hardieſſe, du deſeſpoir; mais s'il eſt capable d'eſtre appaiſé par la raiſon, il eſt facile de l'adoucir. La colere n'eſt qu'un violent deſir de repouſſer un mal dont on peut tirer la vengeance; hair eſt ſouhaitter du mal à un autre; la hardieſſe eſt un deſir d'affronter le peril qui naiſt de l'amour qu on a pour la gloire qui ſuit cette action, ou pour quelque autre avantage qui en revient. Le deſeſpoir eſt un excez de triſteſſe.

La pluſpart des Philoſophes ſe trompent faute de reflexion; ils ſe ſuivent comme des moutons ſans examiner ſi leur conducteur ne les égare pas. Ils ſe ſont abuſez dans le dénombrement des paſſions, parce qu'ils ont crû qu'il en falloit mettre autant de genres, qu'il y a de mouvemens differens dans l'ame, & comme la colere & la haine, par exemple, sont de divers mouvemens, ils ont crû qu'il ne falloit pas les mettre sous le mesme genre: Mais s'ils vouloient en user de la sorte, ils devoient en conter autant qu'il y a d'objets divers qui les font naistre, & chercher des noms pour les exprimer. Ils n'ont fait qu'une passion de l'amour en general, & en ont fait plusieurs du desir, puisque la haine, la colere, la hardiesse sont de veritables desirs, dont les mouvemens ne se ressemblent pas en tout, à cause de la diversité des objets qui les excitent. Or l'amour en general en tant que c'est une inclination vers le bien à ces mesmes diversitez, quoy qu'il ait toûjours le meſme nom. L'amour qu'on a pour les belles fleurs eſt d'une autre nature que celuy qu'on a pour le beau ſexe, & cette amour du ſexe ne reſſemble point à celuy qu'on a pour les bons fruits. De meſme l'averſion qu'on a pour les fruits corrompus differe de celle qu'on a pour les laides femmes, ou pour les fleurs fanées. Je fais donc ici ſeulement un dénombrement des genres des paſſions ſimples, & non pas des eſpeces que l'on ne peut conter.

CHAPITRE VIII.

De l'Amour.

COmme l'amour qu'un ſexe a pour l'autre, eſt la plus violente & la plus commune de toutes les paſſions qui portent ce nom; Je veux l'expliquer ici avec les ſix autres paſſions qui peuvent naiſtre à ſon occaſion. La premiere amour a pour l'ordinaire beaucoup de force, parce qu'on n'en ſçait point encore les ſuites, & que communement elle arrive dans un âge peu avancé, & incapable des reflexions qui peuvent en diminuer la violence. C'eſt aſſez ſouvent le hazard qui la fait naiſtre, & la rencontre imprevuë d'une perſonne qui plaiſt dés le premier abord. On ſent un certain mouvement de ſurpriſe agreable à la premiere veuë de l'objet qui engage le cœur, & ce ſentiment eſt accompagné d'une dilatation extraordinaire du cœur, avec un batement plus fort & plus frequent que de coûtume, qui ſe communique à la groſſe artere, & à toutes ſes branches : Ce qui fait que le poulx change, & ainſi il n'eſt pas impoſsible de reconnoiſtre, en touchant l'artere, la perſonne aimée; ſi elle ſe preſente inopinement à la perſonne qui l'aime. Or ces mouvemens arrivent au cœur, & enſuite aux arteres parce que le teint, les traits, la taille, l'air, & les manieres de la perſonne qui plaiſt, produisent par le moyen de la lumiere & des esprits animaux contenus dans les nerfs optiques une idée agreable dans l'ame qui la détermiue necessairement à couler dans le cœur avec abondance, & y fait une impression qui retournant vers elle dans le cerveau, fait ce sentiment que l'on appelle amour, dont le vestige reste, comme j'ay dit, en parlant des Passions en general. Et parce que l'ame ou les esprits qui coulent dans le cœur, & y font l'impression que je viens de dire rarefient aussi le sang, ils dilatent par ce moyen les ventricules qui le contiennent, & les arteres par où il coule, cela fait qu'on ressent dans la poitrine une chaleur tres douce qui se communique mesme à tout le corps, & donne un brillant aux yeux & un éclat au visage qu'on n'y aperçoit pas dans un autre temps. Ce premier sentiment d'amour est tres doux & tres agreable, mais souvent les suites en sont tres ameres & tres facheuses; de maniere qu'il semble estre un apas, qui attire une jeunesse imprudente dans des peines qu'elle ne peut prévoir. Il ne faut pourtant pas accuser la nature des maux qui suivent l'amour. Si la fortune, l'ambition, les loix, les coustumes ne la traversoient point, elle auroit presque toûjours beaucoup de douceurs, & feroit le plus grand de tous les biens sensibles quand elle est mutuelle. Aussi voyons-nous que malgré les peines qui l'accompagnent d'ordinaire, & qui naiſſent des obſtacles que je viens de dire, peu de gens de quelque profeſſion qu'ils ſoient peuvent s'en défendre, tant les hommes auſſi-bien que les autres animaux, par la diſpoſition de la nature ont du panchant pour cette paſſion.

CHAPITRE IX.

Du Deſir, de l'Eſperance, & de la Crainte.

J'Ay dit Phyſiquement ce que c'eſt que l'amour dans ſa naiſſance, il faut maintenant voir comment elle ſe nourrit, s'augmente, perſevere & finit. Dans cette explication, on trouvera celles de toutes les autres paſſions, parce que l'amour n'eſt pas une paſſion qui ſoit long-temps ſeule ; elle a bien-toſt la plus grande partie des autres à ſa ſuite. Dés le moment qu'un ſexe ſe ſent touché pour l'autre, il ſouhaite de s'en faire aimer, & ce ſouhait ou ce deſir n'eſt autre choſe qu'une certaine impreſſion qui ſe fait ſur le cœur, où l'ame coule en abondance eſtant pouſſée vers cette partie par le ſentiment qu'elle a de ſon amour. Or cette impreſſion qui altere le poulx & le rend plus freqnent, ſe communique par le moyens des eſprits contenus dans les nerfs, à l'âme qui eſt dans le cerveau, & c'eſt ce qui luy donne ce ſentiment que nous nommons deſir. Or çe ſentiment l'oblige à ſe remuer ſans ceſſe, & à ſe revétir de diverſes idées, juſqu'à ce qu'elle en ait trouvé qui luy repreſentent les moyens de ſe faire aimer, & lorſqu'elle en a trouvé qui luy paroiſſent propres pour venir à bout de ſes ſouhaits, tant qu'elle eſt reveſtuë de cette idée, elle eſt excitée à couler dans le cœur avec abondance, où elle fait une impreſſion particuliere qui retourne vers elle dans le cerveau, par le moyen des nerfs, & luy imprime ce ſentiment que nous nommons eſperance, qui n'abandonne jamais le deſir. Mais comme il ne peut ſe faire que l'ame ſe remuant ſur differens veſtiges d'objets tracez dans le cerveau, pour prendre les idées qui luy repreſéntent les moyens de ſe faire aimer, elle n'en trouve qui luy montrent des obſtacles à ſon amour, & à ſes deſirs, elle ceſſe de ſe mouvoir avec tant de viteſſe; au contraire pour ainſi dire elle s'affaiſſe & ne coule plus ſi abondamment vers le cœur; ce qui fait ſur luy une impreſsion particuliere, dont le caractere ſe communique au cerveau, & ſe fait reſſentir à l'ame, & c'eſt ce ſentiment que nous appellons crainte. Or comme l'ame de moment en moment change ces idées opposées, & que dans l'un elle a celles qui luy font voir les moyens de ſe faire aimer, & dans l'autre celles qui luy repreſentent des obſtacles à ſes ſouhaits; dans un moment elle eſpere, & dans l'autre elle craint. C'eſt dans ces divers mouvemens que conſiſte l'inquietude & la peine; c'eſt ce qui met de l'inégalité dans le poulx qui bat plus viste & plus fortement quand le cœur a le sentiment d'esperance, & quand il a le sentiment de crainte, il bat avec plus de lenteur & de foiblesse. C'est aussi ce qui fait les prompts & continuels changemens qu'on remarque dans les yeux, & sur le visage des personnes qui sont agitées de ces passions : Parce que suivant que l'ame est plus ou moins en mouvement, & qu'elle coule avec plus ou moins d'abondance vers le cœur, elle exalte ou précipite la couleur du sang.

CHAPITRE X.

De la Tristesse, de la Joye, & de l'Aversion.

VOila les divers mouvemens qui se rencontrent dés la naissance de l'amour. Dans la suite de sa durée, il y en a d'autres qui s'y mélent, quand la personne qui aime s'aperçoit que l'autre n'est pas disposée à répondre à son amour ou qu'elle en est traitée avec rigueur, l'ame occupée de cette facheuse idée ne se meut que foiblement & cesse de couler vers le cœur comme de coûtume, d'où vient qu'il se resserre, & qu on y sent comme des chaisnes. Cette impression se commnniquant à l'ame me dans le cerveau, par le moyen des nerfs produit le ſentiment que nous appellons triſteſſe. Au contraire, quand la perſonne aimée reçoit favorablement celle qui l'aime, quand ſes yeux n'ont rien d'ennemi, quand elle la prefere aux autres, en un mot, quand toutes ſes manieres ſont obligeantes, l'ame ſe remuë avec une grande viteſſe, & ſe répand abondamment dans toutes les parties du corps, & principalement dans le cœur. Par cette abondance d'eſprits le cœur ſe dilate plus que de couſtume, le ſang qu'il contient ſe rarefie, & coulant par les arteres, cauſe un changement dans tout le corps qui paroît principalement dans les yeux, & ſur le viſage, & qui fait aſſez connoiſtre le plaiſir que l'ame ressent. En effet, cette impression que les esprits font sur le cœur se communiquant à l'ame contenuë dans le cerveau, luy donne un sentiment que nous appellons joie, qui est sans doute le plus doux, & le plus agreable de tous ceux qu'elle peut avoir. C'est pour lors que l'amour est dans son excez & dans sa vigueur, c'est pour lors que l'ame ennivrée de plaisirs oublie tous autres soins, & ne s'occupe que de l'idée de l'objet qu'elle aime, & dont elle est aimée. Aprés la possession, l'amour ne demeure pas long temps dans sa force, ses desirs commencent bien-tost à se rallentir, & par une necessité commune à toutes les choses qui commencent, elle finit souvent avec aussi peu de raison comme elle a commencé, quelquefois même elle se change en aversion. Et comme durant l'amour, l'ame se mouvoit avec plus de vitesse, & couloit plus abondamment dans le cœur à la rencontre de la personne aimée, ce qui produisoit un sentiment agreable; Quand par un étrange changement, l'aversion vient à naistre, cette même rencontre reprime le mouvement de l'ame, l'empêche de couler dans le cœur, & par ce moyen fait sur luy une impression qui se communiquant à l'ame dans le cerveau, cause un sentiment fatiguant & facheux, qu'on appelle aversion, qui quelquefois est suivi de la haine.

Il y a bien d'autres especes de passions, soit simples, soit composées qui ſe rencontrent avec celles que l'on appelle amour, comme la colere, la hardieſſe, la jalouſie, la pitié; Mais comme je n'ay eu deſſein que de parler d'une des eſpeces contenuës ſous chacun des ſept genres de paſſions ſimples que j'ay établis; Il neſt pas neceſſaire d'en dire davantage.

CHAPITRE XI.

Pourquoy les Paſſions finiſſent.

DE toutes les jeunes perſonnes qui aiment pour la premiere fois, il n'y en a pas une qui ne juraſt par tout ce qu'elle eſtime davantage que ſon amour ne finira jamais, & qu'elle durera autant que ſa vie. En effet, elles le croyent, & parce qu'elles s'imaginent qu'elles sont libres d'aimer, & que dans l'amour elles trouvent beaucoup de douceur, elles se persuadent aisément qu'elles voudront toûjours les gouster. Au contraire, celles qui ont esté mal-traitées de l'amour, & qui reviennent dans un estat d'indifference, asseurent hardiment qu'elles n'aimeront plus. Tout cela arrive faute d'experience & de reflexion, sur l'inconstance de nostre naturel. Nous ne pouvons non plus asseurer de la durée de nos passions, que de l'estat où se trouve un Cocq sur un clocher. Car comme celuy-cy se tourne vers differens endroits, suivant la diversité des vents qui le meuvent, & qui ne dépendent point de luy ; de mesme l'Ame sensitive a diverses passions suivant la diversité des objets qui la frapent, dont la rencontre ne dépend point d'elle. Et quoyque la raison puisse resister aux passions, & que l'homme par le moyen de l'ame raisonnable, superieure à la sensitive, soit libre comme la foy l'enseigne, de suivre ses passions, ou de ne les suivre pas, la passion, cependant pour l'ordinaire, entraîne la raison. C'est pourquoy les personnes prudentes ne répondent point des sentimens qu'elles auront à l'avenir sur des choses indifferentes. J'ay veu plusieurs de mes amis exagerer mille fois avec moy les incommoditez du mariage qui s'y sont precipitez un mois aprés, souvent mesme nous avons des inclinations opposées dans un mesme jour, & quelquefois dans une mesme heure. Or tous ces changemens arrivent, non seulement parce que les objets changent, mais aussi, parce que l'ame sensitive change elle-mesme de moment en moment, en perdant quelques-unes de ses particules, & en recevant de nouvelles qu'elle tire de l'air que l'homme respire, & des alimens dont il se nourrit. C'est pourquoy suivant que l'air est serain ou pluvieux, froid ou chaud, nous avons diverses dispositions au plaisir ou au chagrin, de mesme aprés le vin on est autrement disposé qu'avant que de boire, & on a d'autres resolutions.

Quoy-que mon dessein ait esté

d'expliquer les fonctions de l'Ame sensitive en general; c'est à dire en tant qu'elles sont communes à l'homme & aux bestes, je me suis pourtant principalement attaché à celles de l'homme, parce que nous sçavons mieux ce qui se passe en nous-mesmes que dans les animaux, & qu'il est aisé de juger de ce qui se passe chez eux par comparaison.

CHAPITRE XII.

Conclusion.

CE qu'il y a donc de moins douteux & de moins obscur touchant la nature des passions, est que ce sont des sentimens dont le cœur est l'organe, qui y ſont produits par le moyen des objets que l'ame aperçoit avec les ſens externes, & qui la determinent à couler plus ou moins abondamment vers le cœur, ſuivant que l'idée qu'elle reçoit eſt agreable ou facheuſe, & l'on peut aſſurer vrai-ſemblablement que dans l'amour, la joie, le deſir, & l'eſperance, l'ame coule promptement, & avec abondance dans le cœur. Dans l'averſion, dans la triſteſſe, & dans la crainte, elle s'en retire ou n'y coule que foiblement. Mais il n'eſt pas poſsible, ce me ſemble de determiner, quels ſont preciſément les mouvemens du cœur dans chaque paſsion en particulier. Car encore que dans l'amour, la joie, le deſir & l'eſperance, l'ame coule dans le cœur avec plus d'abondance que lors qu'elle eſt ſans ces paſsions, il eſt certain que les manieres d'y couler, & les impreſsions qu'elle y fait doivent eſtre differentes, puiſque dans ces paſsions nous éprouvons divers ſentimens, à qui nous donnons differens noms. Il en eſt de meſme de l'averſion, de la triſteſſe, & de la crainte qui conviennent en ce que l'ame les reſſent par un retour des eſprits vers le cerveau, d'où naiſt une impreſſion dans le cœur qui ſe communique à l'ame, mais ce retour & cette impreſsion ne ſont pas ſemblables. Je ſçay que les Philoſophes qui reglent la nature ſuivant leur imagination, pourront determiner les diverſes manieres dont l'ame ſe remuë dans diverſes paſſions, je leur laiſſe la liberté de le faire, & aux autres de les croire.

Mais pour moy qui ne croy pas qu'une chose doive passer pour bien établie dés qu'elle est bien imaginée ; J'aime mieux demeurer dans le doute, que d'assurer une chose incertaine. Ainsi, je ne détermine point quels sont precisément les mouvemens de l'ame en chaque passion ; quels sont les nerfs par où les esprits font impression sur le cœur, ny quels sont ceux par où cette impression se communique à l'ame dans le cerveau. Ce que j'ay dit suffit pour faire concevoir comment l'Ame sensitive estant un corps subtil, & toûjours en mouvement contenu dans un autre grossier & sensible, composé d'un tres-grand nombre de divers organes, peut voir, oüir, gouster, imaginer, se ressouvenir, aimer, haïr, craindre, esperer ; en un mot ressentir tout ce que ressent un animal, & ainsi, j'ay satisfait au dessein que j'avois sur cette matiere.

Les Medecins qui feront reflexion sur ce que j'ay dit de la nature des passions, auront plus d'égard à celles des malades, & les ménageront mieux qu'ils ne font d'ordinaire. Il est certain qu'elles sont capables de causer de grands avantages & de grands desordres, suivant qu'elles sont agreables ou fâcheuses. La confiance qu'on s'aquiert auprés d'un malade n'est pas inutile pour sa guerison, & souvent elle fait toute seule plus que les remedes.

TROISIE'ME PARTIE.

DU MOUVEMENT VOLONTAIRE.

CHAPITRE I.

De la difficulté de l'expliquer.

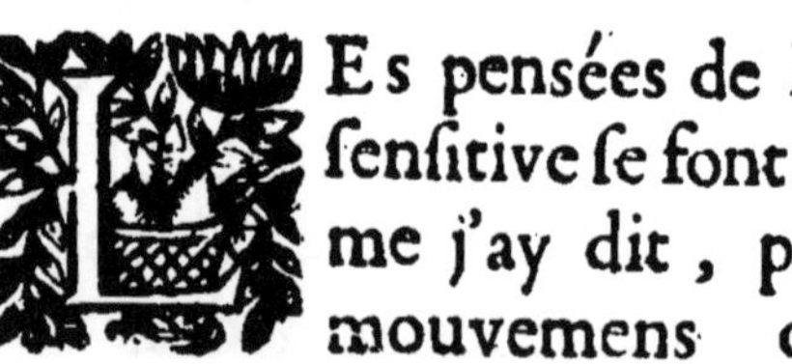

Es pensées de l'Ame sensitive se font, comme j'ay dit, par des mouvemens cachez au dedans d'elle-mesme, qu'on ne peut connoistre si elle ne veut les declarer par des signes externes. Les passions qui en naissent sont aussi des mouvemens internes, dont on voit quelques marques au dehors, malgré l'ame mesme quand elles sont violentes. Le mouvement de tout l'animal ou de quelqu'une de ses parties externes qui les accompagne ou les suit presque toûjours, est sensible aux yeux de tout le monde. Cependant, il est beaucoup moins difficile de donner une idée de la maniere dont les pensées & les passions se font, que d'expliquer ce mouvement qu'on nomme Volontaire. On sçait bien que les muscles en sont les organes, mais il est mal-aisé de dire comment ils agissent, & ce qui les fait agir. Il n'est pas plus facile de determiner quels sont les muscles qui servent à tel & tel mouvement, & dans beaucoup de rencontres, il eſt abſolument impoſſible, malgré la hardieſſe ou plûtoſt la temerité des Auteurs qui en décident abſolument. Pour trouver quelque jour dans cette matiere, il faudroit avoir le loiſir & l'inclination de diſſequer un tres-grand nombre d'animaux en vie pour obſerver les diverſes figures que prennent les muſcles dans divers mouvemens des parties sans pouvoir pourtant par cette voye s'aſſurer entierement de tous. Mes affaires ne me laiſſent point aſſez de temps pour cela, & meſme je n'ay point aſſez de patience. D'ailleurs quoyque je n'aye pas l'ame aſſez foible pour avoir une folle tendreſſe pour les animaux, je n'ay pas aussi l'humeur assez cruelle pour les dissequer si souvent tout en vie. Quand j'aurois autant de vanité ou de préoccupation que ceux qui pretendent par un droit naturel estre leurs souverains; je n'en userois pas de la sorte. Ce n'est pas agir en Roy, mais en tyran, que d'immoler avec d'horribles supplices tant d'innocens sujets à sa curiosité. Pour ne faire donc rien qui soit contraire à mon inclination, je m'abstiendray de ces barbares experiences, & sans descendre dans le particulier, je diray seulement ce qu'on peut establir de vray semblable sur le mouvement des muscles en general, & je feray voir que comme les pensées naissent physiquement des objets, les passions de mesme des pensées, ainsi le mouvement volontaire de l'animal est une suite de ses passions, de façon que si l'on veut remonter à la source, la premiere cause de ce mouvement est l'objet qui frappe les sens.

CHAPITRE II.

Ce que c'est que Muscle.

COmme les muscles sont les organes du mouvement volontaire. Il faut avant que de l'expliquer d'écrire leur structure. Ce sont des parties composées de fibres charnus, d'arteres, de veines, de nerfs, de tendons, & de membranes qui les envelopent, dont l'une est propre à chaque muscle, & l'autre commune. J'ay toûjours crû que le corps ou la chair du muſcle eſtoit un amas ou un tiſſu de veines, d'arteres, & de nerfs capillaires ; c'eſt à dire ſelon ma pensée, que la veine ſenſible qu'on trouve dans le muſcle ſe diviſe en pluſieurs petites veines inſenſibles. Ainſi l'artere, & de meſme les nerfs : De façon que le muſcle eſt l'aſſemblage de tous ces filamets de veine, d'artere, & de nerf couvert d'une membrane. J'ay pensé auſſi que le corps du tendon, eſtoit la réünion de tous les filaments du nerf extremément preſſez les uns contre les autres, qui diſpersés dans le muſcle, en ſont les fibres. Je ne ſuis point encore éloigné de cette opinion ; Cependant comme on ne peut la démon-trer clairement aux yeux, par la diſſection, je n'engage perſonne à la ſuivre. Je veux pourtant faire voir que ce n'eſt pas une imagination ſans fondement, & qu'il y a des raiſons pour la ſoûtenir. Il eſt certain que la chair du muſcle eſt un amas de fibres charnuës, où l'on trouve du ſang. Car en quelque partie qu'on la pique, quoyqu'il n'y ait, ny veine, ny artere ſenſible; on en voit ſortir. Or par tout, où il y a du ſang, qui n'eſt point épanché; il y a des veines ou des arteres qui le contiennent; donc dans chaque partie ſenſible du muſcle, il y a des veines ou des arteres inſenſibles, ou un tiſſu des unes & des autres. Ce ne peuvent eſtre ny toutes veines inſenſibles, ny toutes arteres, car le nombre des arteres doit répondre à peu prés à celuy des veines, afin que le mouvement du ſang, qu'on appelle circulation ſe puiſſe faire. Par conſequent, ces fibres charnuës, d'où le ſang ſort quand on les pique, ſont un tiſſu de veines & d'arteres inſenſibles.

On ne peut auſſi piquer le corps du muſcle, en quelque endroit que ce ſoit, qu'il ne reſſente de la douleur, quoy-qu'il n'y ait point de nerf manifeſte. Cependant il n'y a point de ſentiment ſans nerfs: Il faut donc conclure qu'en chaque partie ſenſible du muſcle, il y a quelque filament de nerf. Ainſi l'on peut dire que chaque partie ſenſible du muſcle eſt composée de veines, d'arteres & de nerfs capillaires, & par conſequent, tout le corps du muſcle.

Ce qui me confirme encore dans cette opinion, eſt qu'on m'a fait voir des rates d'hommes & de divers animaux, dont on avoit exprimé le ſang avec adreſſe, qui pourtant gardoient leurs figures, & n'eſtoient plus qu'un composé d'un grand nombre de rameaux ſenſibles, de veines, d'arteres, & de nerfs qu'on pouvoit découvrir dans ces rates, avant que d'en exprimer le ſang, & d'un autre nombre beaucoup plus conſiderable de petits rameaux de veines, d'arteres & de nerfs, qui ſortoient des plus grands, & qu'on n'auroit jamais pû remarquer ſans cette expreſſion. Choſe fort curieuſe & agreable à voir. Cela dis-je, me confirme dans mon opinion, & me fait conjecturer que les muſcles ont une ſtructure à peu prés pareille. En effet, quand ils ſont déſeichés, ils ne paroiſſent preſque plus qu'une ſimple membrane, parce que ces fibres de veines & d'artes ſont vuides, & affaiſsées les unes contre les autres.

Pour ce qui eſt du tendon que je pretends eſtre l'aſſemblage des fibres nerveuſes qui eſtoient diſtribuées dans le corps du muſcle, & qui ſont réünies dans ſon extremité, je conjecture qu'il eſt ainſi composé, parce que s'il reçoit une bleſſure, les convulſions ſurviennent, ce qui n'arrive que dans les parties nerveuſes.

CHAPITRE III.

De la diverſité des Muſcles, & de leur changement dans les mouvemens.

IL y a des muſcles de diverſe grandeur & de differente figure; Il y en a de grands, de petits, de mediocres. Il y en a de ronds, de longs, de triangulaires, &c. Tant qu'ils conſervent leur grandeur & leur figure, la partie qu'ils doivent remuer eſt en repos, s'ils en changent, il faut abſolument qu'elle ſe remuë. Par exemple, ſi un muſcle long, attaché d'un côté à un os immobile, & de l'autre à un os qui puiſſe eſtre meu, vient à s'acourcir, il faut neceſſairement que l'os mobile, avec la partie qu'il ſoûtient, ſoit remué, car le muſcle ne peut eſtre racourci ſans tirer l'os vers le principe du muſcle. On demeure aiſément d'accord de ceci, mais on ne convient pas de la cauſe qui fait changer la figure du muſcle. Je ne raporteray point l'opinion commune des Medecins, qui pretendent que l'ame envoye par le moyen des eſprits, je ne ſçay quelle faculté dans les muſcles, qui les oblige d'executer ſon commandement. Ces explications ne plaiſent point à ceux qui veulent concevoir les opinions qu'ils ſuivent.

CHA-

CHAPITRE IV.

Refutation de l'opinion qui explique le mouvement des mufcles par une fermentation.

ENtre les modernes qui expliquent le mouvement des mufcles d'une maniere méchanique, il y en a qui penfent que le mufcle fe gonfle & change de figure, à caufe d'une fermentation qui s'y fait par le mélange de differens efprits, ou de diverfes liqueurs qui s'y rencontrent. C'eft à dire, qu'ils veulent qu'il y ait toûjours dans chaque mufcle un efprit ou une liqueur propre à fe fermenter avec les efprits animaux qui y coulent par l'impulfion de l'ame.

Ces Auteurs ne conviennent pas les uns avec les autres de la nature de ces esprits ou de ces liqueurs. Je ne veux point m'étendre sur la diversité de leurs opinions, on peut la voir dans leurs livres. J'ay une raison commune contr'eux pour montrer qu'il n'est pas vray semblable que le muscle se puisse gonfler par la fermentation de quelques esprits ou liqueurs, de la maniere qui seroit necessaire pour le mouvement Volontaire.

Quand deux esprits ou deux liqueurs capables de se fermenter l'une avec l'autre, sont une fois meslées, il n'est plus possible de faire cesser leur fermentation sans le mélange de quelque autre substance qui puisse arrester leur mouvement. Or tous les Auteurs qui ont expliqué le mouvement des muſcles par une fermentation, n'ont point imaginé de ſubſtance, qui ſe mélant avec les eſprits ou les liqueurs püiſſe faire ceſſer la fermentation. Et en effet, ce ſeroit une imagination ſans fondement qui les euſt jettés dans d'autres peines, & ainſi cette fermentation eſtant une fois commencée, devroit toûjours continuer juſqu'à ce qu'elle s'apaiſaſt d'elle-meſme. Or ſi cela eſtoit, il ne dépendroit plus de l'ame d'empécher un mouvement qu'elle a une fois commencé, il faudroit qu'il duraſt juſqu'à ce que la fermentation fuſt finie, & que dans ce temps, il fut achevé malgré elle. Nous voyons pourtant qu'il dépend abſolument de l'ame de continuer un mouvement, ou de l'arrester suivant les diverses passions dont elle est agitée, & par consequent le gonflement du muscle qui sert au mouvement volontaire, ne provient pas de la fermentation de differens esprits ou de diverses liqueurs. En effet, comment est-il possible de concevoir qu'en un moment il se fasse tant de fermentations differentes dans les muscles d'un homme qui danse ou qui joüe du luth, d'un poisson qui nage, d'un liévre qui court, d'un oiseau qui vole. Il faut pour ces mouvemens une cause plus prompte, & qui se remuë presque aussi viste que la lumiere. Quand il n'y auroit pas d'impossibilité dans leur opinion, on ne pourroit toûjours y trouver de certitude, puiſque leurs divers eſprits ou leurs diverſes liqueurs qui peuvent ſe fermenter enſemble, ſont de pures ſuppoſitions. Auſſi ils ne conviennent pas de leur nature, chacun les feint comme bon luy ſemble.

CHAPITRE V.

De la cauſe du mouvement des Muſcles.

POur comprendre avec moins de peine l'opinion que je vais eſtablir, il faut remarquer avec combien de viteſſe à l'occaſion d'une paſſion de l'ame, les membres ſe remuent, combien de differens mouvemens ſe font, combien de divers muſcles doivent ſe gonfler. De cette reflexion dépend la connoiſſance de la neceſſité qu'il y a d'admettre un corps tres-ſubtil, tres-mobile, & preſque auſſi prompt dans ſon mouvement que l'éclair ou la lumiere. Ces corps ſont les eſprits animaux qui ſont autant de rayons de l'Ame ſenſitive contenuë dans le cerveau. Tous ces divers rayons ſe répandent univerſellement, par le moyen des nerfs, dans toutes les petites fibres des muſcles qui ſont comme j'ay dit des rameaux de ces nerfs, & il y a toûjours dans ces parties autant de ces eſprits, qu'il en faut pour les animer, & les tenir en l'eſtat qu'elles doivent eſtre, durant que l'animal eſt en vie, & en repos. Mais le corps ou la machine de chaque animal en particulier est tellement formée, qu'à l'occasion de certaines passions que l'ame ressent par le moyen du cœur, & qui naissent des idées causées par les objets, elle est déterminée à couler par certains nerfs dans certains muscles, & de s'y répandre plus abondamment que lors qu'elle n'a point ces passions, ce qui fait que ces muscles en se gonflant changent de figure, & remuent l'os où aboutit leur tendon, & par une suite necessaire, la partie qui en est soûtenuë. Quand par un autre sentiment ou passion, l'ame est obligée de couler dans d'autres muscles, & qu'elle ne fait plus d'effort pour se répandre dans les premiers, les fibres de ceux-cy trop tenduës se relâchent & renvoyent les esprits qui les étendoient vers leur ſource. C'eſt de la ſorte que les muſcles ſe gonflent, & ſe déſempliſſent ſucceſſivement dans les divers mouvemens qui ſe remarquent dans les animaux.

CHAPITRE VI.

Preuve du precedent.

J'Ay aſſez prouvé que les eſprits ſont des corps tres-ſubtils & tres prompts à ſe mouvoir, & qu'ils coulent du cerveau par les nerfs, puiſque le nerf eſtant bouché ou coupé, le muſcle perd ſon mouvement, ce qui arrive par le deffaut des eſprits qui ne peuvent plus y couler. Ainſi, il n'y a que deux choſes qui paroiſſent obſcures dans l'explication que j'ay apportée. La premiere eſt la détermination de l'ame à couler dans un muſcle plûtoſt que dans un autre, à l'ocaſion d'une paſſion dont elle eſt agitée. La ſeconde, eſt ce relâchement des fibres trop tenduës, qui oblige les eſprits d'en ſortir, & de retourner vers leur ſource.

Pour ce qui regarde la détermination de l'ame, c'eſt une neceſſité de l'admettre, puiſque nous voyons qu'elle ſe fait. La frayeur nous fait faire des mouvemens ſans connoiſſance & ſans deſſein formé de les vouloir faire; ce qui n'arriveroit pas ſi l'Ame ſenſitive à l'occaſion d'une certaine paſſion, n'eſtoit obligée à couler dans des muſcles plûtoſt que dans d'autres, & que

la machine de nostre corps ne fut
disposée, en sorte que l'ame occupée de cette passion, à un mouvement qui la détermine à couler dans un muscle plûtost que
dans un autre. Dans toutes les
passions, c'est la mesme chose. Et
comme il y en a quelquefois d'opposées, la plus forte détermine
l'ame. Or, quoy-que cette détermination soit necessaire dans
les animaux, elle est pourtant volontaire; c'est à dire qu'elle n'est
pas forcée, parce qu'elle est conforme à la nature de l'ame, & aux
organes du corps où elle est contenuë.

Pour ce qui est du relâchement des fibres ou de leur retour à leur état naturel, ce n'est
pas une chose difficile à concevoir, puisqu'il est certain qu'el-

les ont une vertu élaſtique, ou de reſſort qui fait que ſi on les étend ou que l'on les racourciſſe plus qu'il ne faut, elles reprennent leur premiere grandeur, dés le moment que la cauſe qui leur a oſtée ceſſe d'agir. Or quand l'ame ne ſe porte plus avec impetuoſité dans leurs cavités, la cauſe qui les dilate & les racourciſt dans le gonflement ceſſe d'agir, & ainſi elles retournent à leur premier état, & font ſortir les eſprits qui les dilatoient, & qui ne ſont plus ſoûtenus de l'impulſion de l'ame. On connoiſt cette vertu élaſtique dans les fibres nerveuſes, par experience. Car ſi on en prend de ſenſibles, & qu'on les tire vers des endroits oppoſés, elles s'alongent, & quand on ceſſe de les tirer, elles reprennent leur premiere grandeur. Il eſt vray ſemblable que la meſme choſe arrive par la meſme vertu de reſſort, quand les eſprits les racourciſſent en les gonflant, & qu'enſuite l'ame ceſſe de pouſſer ces eſprits. Or pour ſçavoir en quoy conſiſte cette vertu élaſtique, cela dépend de l'explication de la nature du reſſort en general, dont j'ay parlé dans mon Livre des Principes des choſes naturelles.

CHAPITRE VII.

Conclusion de tout l'Ouvrage.

DAns tout le cours de ce petit Ouvrage, j'ay pris indifferemment les mots d'ame & d'esprits, ce qui ne doit point faire de confusion; car c'est la mesme chose. Je me suis plus souvent servi du mot d'Esprits pour signifier la portion de l'Ame contenuë dans les nerfs, & du mot d'Ame pour signifier les esprits contenus dans le cerveau. Au reste, si on considere la dificulté de la matiere que j'ay traitée, si l'on fait reflexion que je n'ay rien pris dans les Auteurs, & que si je me rencontre de mesme sentiment avec quelques uns ; c'eſt par hazard, on me fera la juſtice d'excuſer les obſcuritez qui peuvent reſter ſur ce ſujet, qui de ſoy-meſme eſt plein de tenebres.

Discours sur la generation du Laict.

En faisant publiquement mes discours Anatomiques, j'avois donné mes conjectures sur la generation du Laict, & ce que j'en avois dit estoit écrit dans le troisiéme de mes discours, cependant, quoy qu'on ait imprimé tout le reste, & qu'il se trouve marqué au commencement de ce troisiéme discours que je dois parler du Laict sur la fin, on a oublié cet article. Pour corriger ce défaut, qu'on ne doit pas m'imputer, puisque je n'estois pas sur les lieux. Ie donneray ici en peu de mots un discours separé sur cette matiere.

PLus j'étudie la nature, plus je reconnois les bornes étroittes de l'esprit de l'homme, & l'obscurité des causes qui produisent les effets les plus sensibles, & les plus communs. Les Philosophes, comme je croy, sont des gens sans affaires, qui s'occupent à considerer les differens ouvrages, qu'ils peuvent appercevoir dans ce vaste Univers, & qui souvent se tourmentent inutilement pour en découvrir les ressorts. Tout l'avantage que je retire d'estre de leur nombre, est la satisfaction que j'ay d'estre délivré de l'estime, & de l'admiration que la pluspart des gens ſans étude ont pour les Sciences, & de la fole preſomption que les faux ſçavans ont de leur merite. Le chemin où j'ay entré en commençant d'étudier eſtoit un labyrinthe, où j'ay couru durant ſeize ans entiers, par cent routes diverſes, pour en trouver la fin, & aprés toutes ces fatigues, je me ſuis retrouvé au meſme lieu d'où j'eſtois parti. J'eſtois avant mes études dans l'ignorance des manieres dont les differens effets que je voy ſont produits; J'ay parcouru tous les ſentiers que les Philoſophes de diverſes ſortes ont ſuivi, pour s'en éloigner; j'ay voulu meſme en chercher de nouveaux. Cependant, je ſuis encore à preſent dans le même état à peu prés où j'eſtois avant mes études, ſans eſperance de pouvoir en ſortir. Si je rentre donc quelquefois dans ce chemin, ce n'eſt pas comme un voyageur qui court pour en trouver le bout ; mais comme un homme qui y marche pour ſe promener. Je dis ceci pour inſpirer la meſme moderation à ceux qui liront ce que j'écris, & afin qu'ils ne prennent pas mes ſentimens pour un plus grand prix que celuy que j'y mets moy-meſme.

Il n'y a rien de plus ordinaire que de voir du laict dans les femmes, & perſonne ne s'en eſtonne, parce qu'on y eſt accouſtumé dés l'enfance. Cependant, quand on vient à rechercher la cauſe qui le produit, & la matiere dont il eſt fait, il n'y a rien de plus difficile à déterminer. Quelques Medecins ont pensé que le sang qui s'évacuë tous les mois par les parties naturelles des femmes, est la matiere dont le laict est produit, & que pour cette raison les nourrices n'ont point ces sortes d'évacuations. Mais cette opinion ne peut estre soûtenuë, puisqu'une nourrice donne incomparablement plus de laict à son enfant durant un mois qu'elle ne perd de sang dans ses purgations, & de plus on voit assez souvent des nourrices sans perdre leur laict, avoir ces sortes d'évacuations.

Ceux qui ont apperceu cette difficulté, ont dit universellement que le sang qui se porte aux mammelles, est la matiere du laict, & qu'il est changé de la ſorte par la chaleur des mammelles qui le cuit & le blanchit. Ce qui favoriſe cette opinion, eſt qu'on ne trouve point dans les mammelles d'autres vaiſſeaux que des veines & des arteres pleines de ſang, & ainſi il ſemble qu'il n'y a point lieu de douter que le ſang ſoit des veines, ſoit des arteres, ne ſoit la matiere du laict. Cependant, il y a tant de raiſons à oppoſer à cette opinion, que lorſqu'on l'examine, il eſt impoſſible de la ſuivre. Car, quelle apparence qu'une nourrice puſt vivre en perdant tous les jours autant de ſang comme elle donne de laict. Et comment peut-on dire que la chaleur convertiſſe le ſang en laict, puiſque le laict eſt beaucoup moins chaud que le ſang,

& les mammelles beaucoup moins chaudes que le cœur. De plus, par tout où il se fait des coctions, & des changemens de la sorte, il y a des cavitez sensibles, dans lesquelles l'action se fait, & ces generations laissent necessairement des excremens. Ainsi nous voyons que la coction des alimens que nous prenons par la bouche, se fait dans une cavité manifeste, qui est le ventricule, & les excremens de ce premier changement sont connus de tout le monde. Ainsi dans le cœur où le chyle se cuit & se convertit en sang, il y a des cavitez qui sont les deux ventricules, & cette coction laisse pareillement divers excremens connus des Medecins. Or nous ne voyons aucune cavité dans les mammelles où le ſang ſe puiſſe cuire & ſe convertir en laict. Nous n'apercevons aucuns excremens de cette coction, ce qui ſeroit abſolument neceſſaire. Car, il eſt impoſſible qu'un corps ſe change en un autre, dont il differe eſſentiellement, ſans qu'il demeure quelques parties qui ne peuvent y eſtre changées, comme on peut remarquer dans toutes les generations qui ſe font dans la nature: & ſi l'on répond que le ſang differe ſi peu du laict qu'ils ſont compoſez des meſmes parties, & ne different que par un divers arangement, il eſt facile de montrer le contraire. Car ſi cette réponſe eſtoit veritable, quand le laict qu'un enfant ſuce redevient ſang, il ne faudroit pas qu'il ſouffrit tant de changemens comme il souffre, ny qu'il s'en separast aucuns excremens : Cependant tous les Medecins sçavent bien, qu'afin que le laict se convertisse en sang, il doit recevoir differentes alterations, & laisser beaucoup d'excremens. Voilà les plus fortes raisons qu'on puisse aporter pour détruire l'opinion commune. Il y en a encore beaucoup d'autres, mais comme on les trouve par tout dans les Auteurs, je ne veux point les redire.

Comme il est absolument necessaire que le laict soit produit ou de sang ou de chyle, & que j'ay prouvé qu'il ne se fait pas de sang, on doit conclure qu'il est engendré de chyle. En effet, il y a bien plus d'aparence, puisque le chyle comme on observe eſt peu different du laict, que le laict retient la qualité des alimens ou des remedes que la nourrice prend, de ſorte que s'ils ont une ſaveur ou une odeur forte on la reconnoiſt dans le laict: Or cela n'arriveroit pas s'il ſe faiſoit beaucoup de changemens avant que les alimens ſe convertiſſent en laict, car le ſang meſme ne retient pas, du moins ſi manifeſtement, les qualitez des alimens qui pourtant devroient y eſtre plus ſenſibles, ſi le laict en eſtoit produit; puiſqu'il devroit ſe faire une nouvelle alteration qui détruiroit ou obſcurciroit davantage ces qualitez ſenſibles des alimens. De plus les mammelles des nourrices ſe rempliſſent de laict, peu aprés qu'elles ont bû & mangé,

ce

ce qu'on ne peut bien expliquer qu'en disant que le laict est immediatement produit de chyle, puisqu'il faudroit beaucoup plus de temps pour les remplir, si par diverses coctions en differentes parties, les alimens devoient estre convertis en chyle, le chyle en sang, & le sang en laict.

Or quoy-que cette opinion soit tres vraysemblable, elle n'est pas sans difficultez. Les Partisans de l'opinion commune en forment plusieurs, entre lesquelles il y en a de tres-foibles, pour ne pas dire tout à-fait vaines, & sans aucun poids. Ils disent, par exemple, qu'un enfant sortant du ventre de sa mere est tendre & délicat, & qu'estant accoûtumé a estre nourri de sang, il ne pourroit pas eſtre nourri d'un aliment crud, comme le chyle. Cette objection eſt à mon avis fort mal conceuë, puiſque la maniere dont l'enfant ſe nourrit dans le ventre de la mere, eſt tres-differente de celle dont il ſe nourrit quand il en eſt ſorti: Mais s'il eſtoit permis de raiſonner par ces ſortes de convenances, on diroit avec beaucoup plus de juſteſſe, que l'enfant dans le ventre de ſa mere eſtant nourri de ſang, devenu plus fort quand il en eſt ſorti, doit prendre un autre aliment tel qu'eſt le chyle ou le laict, qui puiſſe facilement ſe convertir en ſang, de meſme que nous voyons que lorſqu'il eſt avancé en âge, il prend un aliment plus fort que le chyle ou le laict, comme ſont nos alimens ordinaires, qui peut pourtant immediatement estre changé en chyle : de maniere que par un juste progrés, l'enfant commençant de vivre se nourrisse de sang ; immediatement aprés sa naissance, il prenne du laict ou du chyle qui est la matiere du sang, & enfin quand il est avancé en âge, il use de nos alimens ordinaires, qui sont la matiere du chyle ou du laict.

Ils font une objection plus considerable, lorsqu'ils disent, que l'on a trouvé du laict dans les mammelles de nourrices qui avoient assez long-temps esté sans manger, pour persuader que tout le chyle estoit entierement changé en sang : Ce qu'on a remarqué dans des villes assiegées, ou la disette de vivres faisoit que les repas estoient fort éloignez les uns des autres ; en sorte que les alimens devoient estre convertis en sang, long-temps avant qu'on en prist de nouveaux. Ces observations sont assez douteuses, on pourroit en faire de plus certaines dans les vaches & dans les autres animaux domestiques qui donnent du laict. Aussi quelques Auteurs qui pretendent les avoir faites, assurent que si les femelles des animaux aprés avoir donné leur laict ne prennent de nouvelle nourriture, elles n'en donnent plus ; quoy-que pourtant elles ayent beaucoup de sang ; ce qui confirme mon opinion. Mais quand les observations contraires seroient vrayes, on pourroit les expliquer par les principes que j'établiray dans la suite.

La plus pressante de toutes les difficultez que l'on peut opposer, & à laquelle il faut s'arrêter uniquement, est que l'on ne trouve aucuns vaisseaux qui portent le chyle aux mammelles. Car jusqu'icy l'on n'a point découvert de conduits qui aillent du ventricule, des intestins, des veines lactées, ou du canal thorachique, se décharger dans les mammelles. Quelques-uns pensent que le chyle s'éleve en forme de vapeur jusque dans ces parties, & qu'ensuite il s'y condense & acquiert la consistence de laict; mais cela n'est point vray-semblable, puisqu'il n'est pas moins besoin de vaisseaux pour porter le chyle aux mammelles, que pour le porter dans le cœur. Or nous voyons que le chyle coule dans le cœur par des vaiſſeaux qui le contiennent. Il en faut donc auſſi pour le porter dans les mammelles. D'autres croyent qu'il y a en effet des canaux particuliers par ou le chyle coule dans les mammelles, quoy qu'on ne les ait pas encore découverts, & que le temps les fera connoiſtre. Et pour confirmer leur opinion, ils diſent qu'on n'a trouvé que depuis peu d'années les veines lactées, & le canal thorachique, qui pourtant ont eſté de tout temps. Qu'ainſi, puiſqu'on eſt convaincu par de bonnes raiſons, que le laict n'eſt autre choſe que du chyle, il faut conclure qu'il y a des vaiſſeaux par où il ſe porte aux mammelles, quoy qu'on ne les ait pas juſqu'ici reconnus.

Cependant, encore que cette opinion ne ſoit pas éloignée du bon ſens, on ne doit pas, je penſe, la ſuivre. Il n'en va pas de meſme des vaiſſeaux qu'ils ſupoſent pour cet uſage, comme des veines lactées, & du canal thorachique. On a eſté longtemps ſans découvrir ceux-ci; parce qu'on ne les cherchoit pas, & qu'on n'avoit aucun ſoubçon qu'il deuſt y en avoir; ce qui fait que l'on doit au hazard la rencontre qu'on en a faite. Au contraire, pluſieurs Anatomiſtes modernes, habiles & curieux ont cherché avec beaucoup de ſoins & de peines, des vaiſſeaux par ou le chyle puſt couler dans les mammelles, ſur la conjecture qu'ils avoient qu'on devoit en trouver: mais aucun d'eux n'a pû en découvrir, & leur recherche, quoy-que tres-loüable, a esté infructueuse. Or puisque malgré leurs soins, l'adresse de leurs mains & l'application de leurs yeux, ils n'ont pû en trouver ; on peut vray semblablement conclure qu'il n'y en a point. Car comme il se porte, par exemple, dans les vaches que l'on peut dissequer en tout temps une grande quantité de laict aux mammelles, il faudroit que les vaisseaux par où il coule fussent, ou si gros, ou en si grand nombre qu'il seroit moralement impossible qu'ils eussent échapé aux yeux de tant d'habiles gens qui les ont cherchez.

Comme on ne peut donc trouver de vaisseaux particuliers par où le chyle se porte aux mammelles, il faut examiner s'il ne se pourroit pas faire qu'il y coulast par les arteres qui s'y rencontrent en assez grand nombre, aussi bien que les veines. C'est asseurément l'unique chemin qu'on puisse determiner. Pour concevoir cette opinion, il faut se ressouvenir de ce que j'ay dit du cœur dans mes discours Anatomiques, & de la maniere que le chyle y coule, & se mesle avec le sang. Ce chyle ne s'éjourne que tres-peu puisqu'il n'y demeure que durant une seule pulsation; Il y entre dans la dilatation, & en sort dans la contraction. Or il n'y a point d'apparence qu'en si peu de temps, il puisse changer de nature, & se convertir en sang: Car le chyle n'est pas moins éloigné de la nature du sang, que les alimens que nous prenons le sont du chyle : Or nous voyons que ces alimens demeurent long temps dans le ventricule avant que d'y estre changez en chyle : Par consequent le chyle, ce semble, ne demande pas moins de temps pour estre converti en sang dans le cœur. Cependant il n'y reste, comme j'ay dit, que durant une pulsation; & ainsi, il ne peut-estre converti en sang dés la premiere fois; au contraire, il doit vraisemblablement y passer plusieurs fois avant que d'acquerir la nature du sang : C'est-à-dire que les temps interrompus, durant lesquels il demeure dans le cœur en y passant successivement beaucoup de fois avec le sang, doivent égaler à peu prés le temps continu, durant lequel les alimens demeurent dans le ventricule pour estre convertis en chyle ; de sorte qu'il fait un tres-grand nombre de circulations, ou plûtost de tours & de retours avec le sang avant que d'en prendre la nature. Cela estant supposé, il n'est pas malaisé de concevoir comment les arteres qui se portent aux mammelles contiennent du chyle, & comme ces mammelles sont des corps glanduleux d'une nature particuliere, il est vray-semblable que dans le temps que le laict vient aux femmes, leurs pores se dilatent, & se figurent en telle sorte, que le chyle meslé parmy le sang contenu dans les arteres, peut pour ainsi dire, s'y cribler, & y demeurer contenu comme de l'eau dans un éponge. En un mot, cette ſeparation du chyle d'avec le ſang ſe fait dans les mammelles à peu prés de la meſme maniere, & par la meſme raiſon que les differentes liqueurs contenuës dans le ſang, comme la bile, la ſeroſité, & les autres dont j'ay parlé dans mes diſcours Anatomiques, ſe ſeparent en diverſes parties du corps les unes d'avec les autres. Ainſi l'on peut dire que comme les pores des reins ſont figurez de maniere qu'ils peuvent recevoir la ſeroſité du ſang, dont les particules s'accommodent à leurs ouvertures. De meſme les glandes des mammelles ont des pores conformes aux particules du chyle, à qui ils donnent un passage libre. Or ce chyle qui s'est meslé avec le sang, & qui a passé plusieurs fois avec luy dans le cœur, pert l'aigreur qu'il avoit dans le ventricule, & acquiert une douceur agreable: Ce n'est pas que son aigreur s'anéantisse, mais elle s'adoucist par le moyen de quelque autre liqueur, avec qui le chyle se mêle, à peu prés de la mesme maniere que le sel du vinaigre acide & tres-piquant, meslé avec le plomb, compose un autre sel à qui pour sa douceur on donne le nom de sucre de Saturne.

Avec cette opinion on peut expliquer certains faits qui d'ailleurs sont assez difficiles; on peut rendre raison pourquoy les hommes & les filles peuvent avoir du laict suivant les observations que plusieurs Auteurs en ont faites; comment les femmes peuvent le perdre par les parties naturelles; du moins, si ce qu'elles disent sur cette matiere est veritable, pourquoy un enfant qui suce avec avidité une nourrice seiche, tire quelquefois jusqu'au sang. Pourquoy long-temps aprés que les alimens sont changez dans le ventricule, & que tout le chyle est entré successivement dans le cœur, une nourrice peut avoir du laict, comme quelques Medecins l'ont observé dans des Villes assiegées. Pourquoy certains medicamens qui resserrent les pores des mammelles font perdre le laict. En un mot il n'y a point de faits constans sur ce sujet qu'on ne puisse expliquer aisément par les principes que j'ay établis, si on apporte un peu d'application. Cependant je ne conseille point aux Anatomistes adroits & curieux de perdre l'esperance qu'ils peuvent avoir de trouver des conduits particuliers; au contraire, je les exhorte d'y travailler, afin que s'ils ne peuvent en trouver ils s'affermissent dans l'opinion que j'ay établie, & que s'ils en rencontrent de manifestes on puisse sortir du doute, où l'on est sur cette matiere.

DISSERTATION contre la nouvelle opinion, qui prétend que tous les Animaux ſont engendrez d'un œuf.

SI la préoccupation qu'on trouve dans pluſieurs gens d'étude, pour les anciens Auteurs, & l'averſion pour toutes les opinions nouvelles, ſont de grands obſtacles à la recherche de la verité ; la précipitation à ſuivre tous les ſentimens des modernes, & l'exceſſive chaleur qu'on voit dans quelques-uns à les deffendre, n'en sont pas de moindres. Ce sont deux écueils qu'un Philosophe doit éviter également pour arriver sans faire naufrage au port qu'il se propose. La verité des opinions ne dépend point du temps de leur naissance ny de la qualité de ceux qui les ont conceuës ; c'est pourquoy avant que de les embrasser, il faut les examiner en elles-mesmes, sans avoir égard a leur durée ny à leurs Auteurs. Cependant, presque tous nos Sçavants sont à present de l'une ou de l'autre de ces deux sectes. Les uns soûtiennent avec opiniastreté les sentiments de ces anciens Philosophes, dont les noms ont esté reverés depuis plusieurs siécles, pour s'attirer le mesme honneur ; Les autres s'enteſtent de toutes les opinions des modernes, pour partager la gloire de leur invention. Ils ſe la diſputent meſme, & s'accuſent de pillage les uns les autres, comme s'il s'agiſſoit d'un grand bien. Quelques-uns à Paris, pour faire valoir leur merite, débitent avec impudence les découvertes des Eſtrangers comme les leurs propres ; & parce qu'ils parlent devant de jeunes gens, ou devant des perſonnes qui ne font point profeſſion des Sciences, & qui n'ont jamais lû les Livres des Anglois & des Holandois, ils leur font croire que ce qu'ils diſent, ou ce qu'ils monſtrent eſt de leur invention. Ils n'ont pas meſme de peine à perſuader des fauſſetez parce que leurs Auditeurs attachez pour la pluſpart à d'autres choſes par l'état de leur fortune, n'examinent point ce qu'on leur dit touchant des matieres qui ne leur ſont d'aucun uſage. Comme je ſuis ſincere, & que la vanité me déplaiſt, leur procedé m'eſt inſuportable; & s'ils valoient la peine qu'on écrivist contr'eux, je les corrigerois bien de l'inſolence qu'ils ont de s'ériger au deſſus des autres, ſous pretexte d'une mediocre adreſſe à diſſequer. Je ferois voir aiſément qu'ils ne font que ſuivre les traces que les Auteurs étrangers leurs ont marquées, qu'ils ſont dignes de riſée de vouloir effacer la gloire des anciens Anatomiſtes, qui nous ont décrit les principales parties du Corps, dont la connoissance est absolument necessaire pour la Medecine, & de se preferer à eux, parce qu'ils monstrent des curiositez inutiles que ces Anciens n'ont pas découvertes. Qu'enfin leur temerité va dans un excez incroyable, de publier par tout qu'on ne peut estre bon Medecin sans sçavoir toutes ces minuties Anatomiques; dans un temps principalement où ils ont encore le visage tout blesme de maladies qu'ils ont gardées durant dix-huit mois, malgré l'exacte connoissance qu'ils pretendent avoir de l'Anatomie, lesquelles d'autres qui ne se soucient point de cette exactitude, en fait de pratique pourroient facilement guerir en quinze jours. Mais en verité c'est trop parler d'eux, je les abandonne à leur imprudente vanité, pour expliquer ici l'opinion des Medecins modernes, qui pretendent dans les Livres qu'ils ont donnez au public, que tous les Animaux ſont engendrez d'un œuf, & pour apporter enſuite les raiſons qui m'empeſchent de la ſuivre.

Harvée dans ſon Livre de la Generation des Animaux, pretend qu'ils ſont tous produits d'un œuf, & que la difference qui ſe rencontre entre ceux qui font des œufs, comme les oiſeaux, & ceux qui n'en font pas comme la femme, & la pluſpart des femelles des animaux à quatre pieds, ne conſiſte qu'en ce que les oiſeaux couvent leurs œufs hors d'eux-meſmes, & les autres animaux qui engendrent en vie, les couvent en eux-mesmes jusqu'à ce que les petits soient éclos.

Plusieurs raisons m'éloignent de l'opinion de ce Medecin, d'ailleurs fort estimable pour les soins qu'il a pris, & les découvertes qu'il a faites. La premiere, est qu'il ne veut pas que l'œuf dont un animal est engendré, soit un mélange des semences des deux sexes, & qu'il pretend que l'humeur que le masle jette dans l'accouplement ne sert de rien pour la generation. Cependant les femmes sont assurées de n'avoir point conceu, quand la semence s'écoule peu aprés qu'elles l'ont receuë, comme au contraire, c'est un signe certain de la conception quand la semence est retenuë dans la matrice. Hypocrate n'en eut point d'autre pour s'en asseurer dans cette fille à qui il procura un écoulement, & qu'il empescha par ce moyen de devenir grosse. Or si le corps de la semence ne servoit de rien, & que la matrice fust renduë feconde & capable de produire un œuf, comme il prétend par le simple attouchement de la semence du masle ou par quelques esprits qui s'en détachent, cet écoulement du corps de la semence n'empescheroit point la conception.

La seconde raison, est qu'on ne rencontre jamais d'œufs, comme il l'avouë luy-mesme, dans les femelles des animaux, qui produisent leurs petits en vie avant leur accouplement avec le masle, & qu'on en trouve dans les poules, & dans plusieurs femelles d'autres oiseaux : Ce qui fait voir que leur maniere de generation est tres-differente.

La troisiéme, enfin, est qu'au lieu d'éclaircir le sujet dont il traite, il y met de la confusion: Car afin que son opinion fût évidente, il faudroit qu'on trouvast dans la matrice de tous les animaux, du moins aprés la conception de veritables œufs, d'où leurs petits pussent éclore. Or il ne s'y en rencontre point. On y trouve, il est vray, un corps semblable à un œuf qui n'a point de coquille, mais cette ressemblance ne suffit pas pour avancer que c'est un œuf, & je pretens que ce n'en est point. Suivant

vant l'opinion receuë de tout le monde, avant Harvée & tres-conforme à la verité, l'œuf eſt un corps qui contient les principes de la generation d'un animal, & dequoy le nourrir juſqu'à ce qu'il ſoit éclos; comme on peut le remarquer dans les œufs de tous les oiſeaux, qu'on a ainſi nommez avec raiſon; parce qu'ils conviennent tous en cela. Mais ce qu'on trouve aprés la conception dans la matrice des femelles qui engendrent leurs petits en vie, quoyque ſemblable en figure à un œuf, ne contient pas dequoy nourrir l'animal qui en eſt formé juſqu'à ce qu'il ſoit éclos: ce qui fait qu'il a indiſpenſablement beſoin de recevoir du ſang de ſa mere, par la veine ombilicale juſqu'au moment de ſa naiſſance. Et ainſi c'eſt abuſer du mot, & par cet abus confondre les diverſes manieres de generations des animaux, que d'établir univerſellement qu'ils ſont tous engendrez d'un œuf. Les noms, je ſçay bien, dans leur premiere impoſition ſont arbitraires, mais il n'eſt pas permis à un particulier de changer ou d'étendre leur ſignification receuë depuis long-temps, pour s'acquerir chez les ignorans la gloire d'avoir inventé quelque choſe. C'eſt ce que font aujourd'huy avec bien moins de retenuë qu'Harvée nos modernes contre qui principalement j'ay deſſein d'écrire dans ce Traité. Ils étendent en telle maniere la ſignification du mot d'œuf, qu'il convient non ſeulement aux ſemences de tous les animaux, mais encore à celles des plantes. De façon que ſi quelqu'un de ces Meſſieurs devenoit Pape pour confirmer ſon opinion, il défendroit comme les autres œufs, les poids & les féves en Careſme. S'il eſt permis d'en uſer de la ſorte ; Je penſe avoir ſur les mots autant d'autorité qu'eux, & ainſi je diray, par exemple, qu'un poiſſon eſt un corps capable de ſentiment & de mouvement ; de ſorte que les bœufs, les moutons, les oiſeaux ſeront contenus ſous ce genre, & nous n'aurons plus aprés cela de jours maigres qu'à diſcretion.

Mais laiſſons la diſpute du mot, & abandonnons l'opinion d'Harvée, de qui je n'ay parlé que par occasion, pour examiner celle des modernes. Ceux-cy pretendent comme Harvée que tous les animaux sont engendrez d'un œuf ; mais ils ne s'expliquent pas de la mesme maniere. Harvée a crû qu'il n'y a point d'œuf dans la matrice avant l'accouplement ny dans les testicules des femelles qui produisent leurs petits en vie, & que comme un arbre produist son fruit, la matrice de mesme produist un œuf aprés avoir esté renduë fœconde par l'attouchement de la semence du masle, laquelle loin de demeurer dans la matrice, n'entre pas dans sa capacité. De sorte, que selon cet Auteur, la matrice acquiert la fœcondité ou la puissance de produire un œuf, par un simple attouchement, ſans qu'aprés l'accouplement aucun agent corporel viſible reſte dans ſa capacité ou dans ſa ſubſtance, à peu prés de la meſme maniere que le fer touché par l'aimant acquiert la vertu d'attirer d'autre fer.

Les modernes, au contraire, trouvent dans ces meſmes femelles des ovaires pleins d'œufs, meſme avant l'accouplement; des conduits par ou l'eſprit de la ſemence monte dans ces ovaires, pour donner la fecondité aux œufs; & par ou ces meſmes œufs rendus fœconds, & détachez de l'ovaire deſcendent dans la matrice.

Avant que d'expliquer plus au long leur opinion, je veux faire obſerver qu'ils ſont trop temeraires dans la conſequence qu'ils tirent, & qu'ils ignorent entierement les regles de bien raisonner. Ils ont dissequé un petit nombre d'animaux dans cinq ou six especes differentes contenuës sous le genre de ceux qui sortent vivans du ventre de leur mere; & parceque dans ceux là ils ont trouvé ou crû trouver des œufs, ils concluent universellement qu'il y en a dans tous les autres. Or je soûtiens que quand ce qu'ils suposent seroit veritable, & qu'ils auroient trouvé des œufs dans les femmes, dans les vaches, dans les brebis, dans les femelles des lapins, & des rats, dans toutes celles enfin qu'ils ont dissequées; Ils ne pourroient pas conclure que tous les animaux qui sortent vivans du ventre de leur mere, sont engendrez d'un œuf. Car un Logicien de deux mois n'ignore pas que pour tirer une conclusion universelle, il faut avoir fait une induction de toutes les especes contenuës sous le genre, & que loin de la pouvoir inferer d'une induction de cinq ou six, elle ne seroit pas certaine si de deux cens mille on en oublioit une; parce que cette espece qu'on n'auroit pas examinée pourroit estre exceptée de la regle generale qu'on voudroit établir pour toutes. Pour faire comprendre ce que je dy à ceux qui n'entendent pas les termes de Logique, je veux apporter une comparaison qui leur fasse concevoir. Nous voyons que les femelles des chiens, des chats, des chevaux, des asnes, des taureaux, des beliers, des pourceaux, des boucs, des dains, des cerfs, des liévres, des lapins, des loups, des renards, des ſangliers, des lions, des ours, des tigres, des élephans, des ſinges, & d'un tres-grand nombre d'autres animaux à quatre pieds produiſent leurs petits vivans ſans pondre d'œufs. Cependant on concluroit fauſſement que tous les animaux à quatre pieds ſortent vivans du ventre de leur mere; puiſque le crocodile qui eſt de ce nombre eſt éclos d'un œuf hors du ventre de ſa mere. De meſme quand dans les eſpeces d'animaux que ces Auteurs ont diſſequez, les femelles auroient des œufs qu'elles couveroient & feroient éclore dans leur matrice, on ne pourroit pas conclure certainement que tous les animaux ſont engendrez d'un œuf ; parce qu'on pourroit en trouver une ou pluſieurs eſpeces inconnuës, dont la generation ne ſe feroit pas de la ſorte.

Pour éviter l'erreur qui peut toûjours ſe rencontrer en pareille matiere dans une propoſition generale, & pour faire connoiſtre que je ne veux pas détruire cette opinion par des ſubtilitez : Je veux venir au fonds de la queſtion, & attaquer les Partiſans de cette nouveauté dans leurs retranchemens. Pour cela je veux m'attacher à une eſpece particuliere d'animaux, dont les femelles produiſent leurs petits vivans, & examiner ſi elles ont des œufs contenus dans des ovaires, d'où ils puiſſent ſortir ; s'il y a des conduits par où ces œufs pretendus puissent recevoir la plus subtile partie ou l'esprit de la semence du masle, pour dévenir fœconds, & décendre dans la matrice qui est le lieu, où les Auteurs contre qui j'écry, pretendent qu'ils sont couvez jusqu'à ce que l'animal soit éclos. Or comme nous sommes obligez de nous connoistre plus parfaitement, que nous ne connoissons les autres animaux, & de sçavoir autant qu'il est possible ce qui regarde nostre origine, nostre durée, & nostre fin, je trouve à propos de passer sous silence la maniere dont les autres animaux sont produits, & d'examiner seulement si les hommes sont engendrez d'un œuf.

Afin de ne point redire plusieurs fois la mesme chose, & de ne plus disputer du nom, je diray ſimplement le fait, ſans examiner ſi les veſicules qu'on trouve dans les teſticules des femmes, doivent eſtre appellez des œufs. Il eſt certain qu'on y en trouve pluſieurs rondes, & à peu prés de la groſſeur d'un poids; on peut les ſéparer du teſticule, & les unes des autres: ce qui ne peut pourtant ſe faire que tres-difficilement & avec beaucoup d'adreſſe. Elles ſont pleines d'une liqueur aſſez claire, que l'on peut d'ordinaire faire endurcir par la coction; on en rencontre pourtant qui ne changent point de conſiſtence; quoyqu'on les faſſe boüillir dans de l'eau, j'en ay vû de pareilles hors du teſticule attachées par un petit ligament rond aux cornes ou trompes de la matrice, ou à la membrane qui eſt entr'elles & le teſticule ; on en trouve également dans les filles & dans les femmes ; dans les jeunes qui ſont en âge d'avoir des enfans, & dans les vieilles qui ne peuvent plus en avoir. Cela eſt conſtant, je l'ay vû pluſieurs fois, parce que j'en ay la facilité ; Et comme je tâche de ne me pas tromper, & que je n'ay jamais eu deſſein de tromper perſonne, on peut me croire. Or ſur ce fait conſtant, qui n'a pas eſté inconnu aux anciens Anatomiſtes, comme on peut le remarquer dans leurs Livres, que ques modernes ont établi la plus étrange & la plus inconcevable de toutes les opinions qu'on ait jamais inventées. Ils veulent que ces veſicules ou œufs pretendus ſoient rendus fœconds, & deviennent principes de la generation de l'homme, par le moyen de la plus ſubtile partie ou de l'eſprit de la ſemence du maſle, qui monte par les cornes ou trompes de la matrice dans les teſticules. Que pour l'ordinaire, il n'y a qu'une de ces veſicules qui acquiert la fecondité, quelquefois deux, rarement pluſieurs. Qu'eſtant devenuë feconde, elle ſort du teſticule & entre dans une des cornes par l'extremité flotante, & par-là deſcent dans la capacité de la matrice, ou les principes de generation qu'elle contient excitez par la chaleur de ce lieu ſe developent, ſe mettent en mouvemen & forment le fœtus, les membranes, & la maſſe charnuë qui s'attache à la matrice, & ſert d'apuy aux vaiſſeaux ombilicaux. De ſorte, que ſuivant l'opinion de ces Anatomiſtes, les veſicules ſont des œufs; les teſticules, des ovaires; les cornes ou trompes de la matrice, des conduits qui ont le meſme uſage dans la femme, que ce qu'on appelle l'entonnoir dans la poule, & enfin la matrice eſt le lieu ou cet œuf pretendu deſcend, & eſt couvé juſqu'à ce que l'enfant vienne au monde.

Or ſi l'on veut prendre la peine de lire les Livres de ces Auteurs, on trouvera que tout ce qu'ils avancent eſt une imagination ſans fondement, & je ſuis extrémement ſurpris, qu'ils ayent oſé la publier ſans apporter aucune vray-ſemblable conjecture. Ils citent une ou deux hiſtoires qui aſſurent qu'on a trouvé des enfans formez dans les trompes ou cornes de la matrice. Mais qu'ont de commun ces avantures extraordinaires avec leur chimerique opinion ? Ne peut-on pas les expliquer plus aiſément dans le ſentiment des autres Medecins, & dire que les ſemences des deux ſexes ſe ſont jettées dans ces trompes dilatées par hazard plus qu'à l'ordinaire; c'eſt-à-dire par une cauſe que nous ignorons : De meſme qu'ils veulent que leur œuf pretendu ſi ſoit arreſté par hazard, & n'ait point deſcendu dans la matrice. Quand ils expliquent de la ſorte ces hiſtoires par leur ſyſteme, ils ſupoſent ce qui eſt en queſtion, & ne donnent point par ce moyen la moindre apparence de verité à leur ſentiment. C'eſt pourtant l'unique raiſon dont ils ſe ſervent pour établir que la generation dans les femmes ſe fait par le moyen d'un œuf.

Non ſeulement ils n'ont point de raiſon pour appuyer l'idée qu'ils veulent donner de la generation de l'homme, & détruire le ſentiment de tous les autres Medecins ſur ce ſujet; mais ce qui paroiſtra plus étrange, eſt que de leur propre confeſſion, leur opinion à des difficultez inſurmontables, & qu'ils ſont obligez d'avoir recours à la providence & aux miracles, pour faire deſcendre ces pretendus œufs du teſticule dans la matrice. On n'a qu'à lire Graaf & Suammerdan ſur cette matiere, pour eſtre convaincu de ce que je dy. Certainement depuis que j'étudie & que j'examine les pensées des Philosophes, je n'en ay jamais vû comme ceux-cy démentir les autres; la raison, les sens, & l'experience pour introduire une explication inconcevable d'une chose que tous les gens d'esprit peuvent expliquer d'une maniere tres-vray semblable. Si l'on veut lire dans mes discours Anatomiques les conjectures que je donne sur le fait de la generation, on verra qu'il n'y a point d'embaras, où pour le moins que j'en donne une idée aussi claire que celles qu'on peut se former de tous les autres effets Physiques, par le moyen du raisonnement. L'experience montre que la femme ne fournist point un œuf, mais une veritable ſemence en liqueur comme l'homme : qu'elle l'a répand quelquefois comme luy avec plaiſir dans les ſonges, ou par des manieres criminelles ; que dans l'accouplement, la meſme effuſion arrive, ſur tout quand il doit eſtre fecond ; que les humeurs de l'un & de l'autre ſexe qui ſont leurs ſemences ne ſortent point de la matrice de la femme, ſi elle doit concevoir ; que quand elles en ſortent elle ne conçoit point. Qu'eſt-il donc neceſſaire d'abandonner le jour, pour marcher dans les tenebres, & de recourir à des cauſes obſcures, quand on en voit de manifeſtes !

Mais puiſque ces Auteurs, pour donner un peu de jour à leur opinion, recherchent des conformitez entre les parties qui contiennent & reçoivent les œufs dans les poules; & celles qu'ils pretendent eſtre dans la femme pour le meſme uſage : Qu'ils nous diſent de grace pourquoy la femme, qui pour l'ordinaire n'a qu'un œuf fecond aprés l'accouplement, a pourtant deux ovaires, & que la poule qui a pluſieurs œufs rendus fœconds par un ſeul commerce avec le cocq, n'en a qu'un. Pourquoy les vieilles femmes que l'âge rend ſteriles, ont encore des ovaires ou teſticules, & des œufs, & que dans les poules qui ne pondent plus, l'ovaire & l'entonnoir s'effacent, & ne laiſſent preſque aucun veſtige que l'on puiſſe reconnoiſtre? Ils ſont obligez dans leur maniere de raiſonner par la cauſe finale de me répondre à ces queſtions, & dans toute ſorte de Phyſique, ils doivent donner la cauſe qui force la plus ſubtile partie ou l'eſprit de la ſemence de l'homme, à quitter la plus groſſiere ou l'humeur qui le contient. Ils doivent auſſi dire pourquoy cet eſprit ſéparé de l'humeur, va chercher les détroits des trompes ou cornes de la matrice, & ne demeure pas plûtoſt dans ſa cavité, qui eſt aſſez capable de le contenir; où enfin s'y eſtant ſeparé de l'humeur qui l'envelopoit, il doit abandonner le corps de la matrice, pourquoy il ne ſort pas par ſon orifice qui eſt capable d'une grande dilatation. Qu'ils diſent encore ce que devient l'humeur ſenſible & groſſiere de la ſemence qui ne s'écoule point dans les femmes qui doivent concevoir. Ces difficultez sont assez pressantes ce me semble, pour embarasser l'esprit de ces Auteurs, & faire du moins suspendre le jugement de ceux qui examinent bien les choses, & qui ne parlent qu'avec moderation : cependant, il ne faut pas s'étonner s'y malgré ces raisons les Partisans de cette nouveauté s'opiniastrent dans leur sentiment, puis qu'ils y demeurent malgré une impossibilité évidente aux yeux de tout le monde. Oüy, il n'est pas plus impossible que les rivieres remontent vers leur source sans trouver d'obstacle qui empesche leurs cours ; ou que les rochers se détachent de terre & s'élevent en l'air ; qu'il eſt impoſſible que les pretendus œufs ſe détachent des teſticules où ils ſont contenus, qu'ils en ſortent & qu'ils entrent dans les trompes ou cornes de la matrice. La ſimple veuë de la ſtructure & de la ſituation de ces parties prouve ce que j'avance; c'eſt pourquoy les Lecteurs doivent avoir la curioſité de les examiner, & j'offre à ceux qui ſont à Paris de leur en faciliter les moyens. Ces veſicules ou œufs ſont attachez de tous coſtez par leurs membranes au corps du teſticule, de ſorte qu'il faut une tres-grande addreſſe pour les en ſeparer Je ſçai que la membrane dont l'enfant eſt enveloppé tapiſſe de meſme les parois de la matrice interieurement, & qu'elle s'en détache pourtant dans l'accouchement : mais ce détachement a des causes manifestes qui sont les mouvemens de l'enfant dans sa sortie, & les efforts de la mere ; Il n'en est pas de mesme du détachement des vesicules ou œufs ; on ne voit point de cause qui puisse le procurer. On ne peut pas dire qu'ils tombent comme un fruit mur qui quite l'arbre, car le fruit tombe faute de l'aliment qui continuë son union avec l'arbre, & par son propre poids. Or le poids des vesicules n'a point d'action dans le testicule où elles sont contenuës & pressées les unes contre les autres.

Quand mesme on apporteroit des causes qui pussent procurer le détachement de ces œufs pretendus ; il seroit toûjours impoſſible qu'ils ſortiſſent du teſticule; puiſqu'il n'y a point d'ouverture, & que les corps ne peuvent ſe penetrer. C'eſt ici une queſtion de fait qui decide abſolument la choſe, & ainſi pour eſtre convaincu de la fauſſeté de l'opinion de ces Auteurs; il faut dans un cadavre obſerver ce que je dy, & pour ne ſe point laiſſer tromper, il faut ſe ſervir d'un Anatomiſte adroit, qui ne ſoit prévenu ny pour ny contre l'opinion des œufs: & qui cherche de bonne foy. Car la pluſpart de ces Meſſieurs les Modernes préoccupez de leurs opinions, font pour les ſoûtenir, des trous, des valvules, des vaiſſeaux, comme bon leur ſemble, & ſouvent ceux qui les écoutent & les regardent travailler, pour ne pas paroiſtre

paroiſtre aveugles, confeſſent qu'ils voyent ce que ces gens veulent leur faire voir ; parce que ſouvent ils ſont prevenus de leur merite, éblouïs de leur faux éclat, & penſent qu'on ne les contredit que par envie, ou que par veneration pour l'antiquité. Il faut eſtre exempt de paſſion quand on étudie, & prendre garde de prés, autrement on s'abuſe fort facilement. Graf qui a prevû la difficulté que je viens de dire, tâche de la ſurmonter par un plaiſant artifice. Il dit qu'on cherche en vain ce trou dans les teſticules, & qu'il ne ſe rencontre qu'immediatement avant ou aprés l'expulſion de l'œuf. Voilà un faux fuyant bien groſſier pour un homme qui ſe meſle d'écrire : n'y-a-il qu'à propoſer une experience impossible à faire pour faire valoir les chimeres qu'on se met dans l'esprit. Comment veut-il qu'on épie ce moment pour rencontrer cette ouverture? Cela est entierement impossible dans les femmes, puisque les loix, ny la nature ne pourroient souffrir ces barbares experiences. Et combien faudroit-il tuer de bestes avant que d'arriver à cet heureux moment. S'il estoit permis de raisonner de la sorte, il seroit aisé de renverser les choses de fait, les plus constantes, en proposant pour prouver le contraire des experiences qu'on ne peut faire. Cependant si nous voulons le croire, il a esté assez heureux pour trouver cette ouverture, & il assure que dans les vaches, elle est assez grande pour y mettre un ſtilet, & dans les femelles des lapins une ſoye de pourceau. Il l'a feinte, je penſe, ſi petite pour perſuader plus aiſément que hors de ce temps, elle peut entierement s'effacer: Autrement, à quoy bon mentir à demy, & ne point lever la difficulté tout d'un coup; car la petiteſſe de cette ouverture laiſſe encore l'impoſſibilité de la ſortie de l'œuf, puiſque ſelon luy les œufs des vaches ſont gros comme des ceriſes, & qu'il n'eſt pas poſſible qu'un corps de cette groſſeur ſorte par une ouverture qui n'eſt capable que de contenir un ſtilet. De plus, ſi l'on fait reflexion que Graf n'eſtoit pas un grand Seigneur; qu'il ne travailloit point aux dépens d'un Prince ny d'une

Republique ; on aura peine à ſe perſuader qu'il ait pû immoler à ſa curioſité aſſez de vaches pour s'éclaircir ſur ce ſujet, & pour aſſurer la choſe avec tant de hardieſſe.

Il apporte une comparaiſon pour rendre ſa penſée vray-ſemblable, touchant la dilatation ſurprenante, qui ſeroit neceſſaire pour donner paſſage à l'œuf. L'orifice de la matrice, dit-il, quoyque tres-étroit, ſe dilate enſorte que l'enfant peut y paſſer : Par conſequent le trou du teſticule à qui il ne faut pas une dilatation ſi conſiderable à proportion pourra auſſi s'agrandir pour la ſortie de l'œuf. Il y a deux défauts dans cette comparaiſon. Le premier eſt que l'orifice de la matrice eſt etroit hors le temps de la ſortie de l'enfant, mais aſſez large quand elle arrive. Au contraire l'ouverture du teſticule ne paroiſt plus, comme Graf le confeſſe, hors le temps de la ſortie de l'œuf; & dans le temps de ſa plus grande dilatation, qui arrive lorſque l'œuf doit ſortir, il n'y a point de proportion entre la groſſeur de l'œuf & l'ouverture, puiſque comme il aſſure, l'œuf d'une vache eſt gros comme une ceriſe, & l'ouverture du teſticule qu'on ne trouve ſelon luy qu'immediatement avant & apres la ſortie, ne peut recevoir qu'un ſtilet. Je m'étonne que Graf ayant eſté aſſez fortuné pour faire juſte les experiences qu'il dit avoir faites touchant ceci, & pour rencontrer ces heureux moments qui precedent & ſuivent la ſortie de l'œuf; il n'en ait pû trouver un beaucoup plus heureux qui euſt eſté celui de la ſortie meſme ; c'eſt à dire qu'il n'ait pû rencontrer un œuf au paſſage, certainement cela manque encor à ſa fiction.

Le ſecond defaut eſt que nous n'avons aucune marque de la dilatation du teſticule dans les femmes, & que nous en avons de ſenſibles de l'orifice de la matrice. Cependant comme la femme reſſent des douleurs dans l'accouchement, à cauſe de la dilatation qui ſe fait, qui en ſont des ſignes certains, elle devroit en reſſentir de meſme dans la ſortie de l'œuf qui ſeroient des conjectures aſſurées de la conception ; puiſque les teſticules n'ont pas un ſentiment moins exquis que la matrice. Or les femmes ne ſe pleignent point de ces douleurs, & les accidents qui leur arrivent, comme le dégouſt, le vomiſſement, le déſir de manger autre choſe que les aliments ordinaires, n'ont rien de commun avec la dilatation du teſticule.

Enfin quand meſme les œufs pretendus pourroient ſe détacher du teſticule; qu'il y auroit un trou pour leur ſortie capable de dilatation, & qu'on pourroit imaginer une cauſe pour la procurer; Il ſeroit toûjours abſolument impoſſible qu'ils entraſſent dans les cornes ou trompes pour deſcendre dans la matrice. C'eſt encor ici une queſtion de fait que la veuë ſeule peut décider.

Mais pour faire concevoir ce que j'avance, il faut remarquer que la matrice, comme j'ay dit dans mes discours Anatomiques, est de la figure d'une phiole ronde, & que de chaque costé de son fonds, il y a un corps rond, long, creux, assez etroit, à peu prés de la figure de la circonference d'un segment de cercle, bordant une membrane fort mince d une largeur considerable, il est manifestement ouvert dans la matrice ; Son autre extremité plus grosse que son origine n'est point pour l'ordinaire attachée à aucue partie : elle a aussi une ouverture toûjours bouchée par de petits filaments en forme de frange qui s'affaissent les uns sur les autres : l'ouverture est beaucoup plus grande de ce costé que de celuy de la matrice, car ce conduit s'étresist de telle sorte qu'il faut beaucoup d'adresse pour y faire passer une soye de pourceau, au lieu que dans son extremité flotante on introduit facilement un stilet d'une grosseur considerable. Le testicule est situé proche la matrice de l'autre costé de la membrane dont j'ay parlé, de maniere que cette membrane separe de toute sa largeur, le corps, rond long que je viens dé d'écrire d'avec le testicule, Or comme ce testicule a beaucoup moins de longueur que ce corps rond long qu'on nomme trompe ou corne de la matrice, l'extremité flotante de cette trompe est éloignée à peu pres de trois travers de doigt de l'extremité du testicule. Il faut encor obſerver que le teſticule borde en partie l'extremité de la membrane à qui il eſt uni ; que la membrane s'étend beaucoup plus loin que luy, puis qu'elle accompagne toûjours la trompe ; que la figure du teſticule eſt à peu prés ſemblable à celle d'une febve haricot, & que c'eſt au milieu de ſa partie concave du coſté de la membrane que nos modernes s'imaginent le trou par ou l'œuf doit ſortir. Cette deſcription ſupposée tres-conforme à la choſe qui eſtoit devant mes yeux quand je l'ay faite, il eſt manifeſtement impoſſible que l'extremité flotante de la trompe puiſſe s'appliquer à la pretenduë ouverture du teſticule pour y porter la plus ſubtile partie de la ſemence, & recevoir en ſuite l'œuf rendu fecond par ſon moyen ; car on ne voit point de cauſe qui puiſſe approcher du teſticule l'extremité flotante de la trompe, & quand il y en auroit une fort intelligente, elle ne pourroit avec quelque adreſſe que ce fût l'unir à l'endroit où les modernes pretendent que le teſticule eſt percé : puiſque la membrane qui y eſt attachée l'empeſche abſolument : & ainſi quand meſme les veſicules pourroient ſe détacher ; quand il y auroit un trou au teſticule pour leur donner paſſage ; elles tomberoient neceſſairement dans la capacité du ventre, & jamais ne pourroient décendre dans la matrice par les trompes.

Par la meſme raiſon, il eſt impossible que la semence de l'homme arrive par les cornes de la matrice au testicule ou à l'ovaire pretendu de la femme, pour rendre fœconds les œufs qu'on dit y estre contenus. En verité c'est trop abuser du loisir des gens de lettres, de leur proposer des imaginations de la sorte, que l'on ne sçauroit concevoir. Car comment comprendre que les extremitez flotantes des trompes que l'on trouve en tout temps éloignées du testicule de trois travers de doigt s'y appliquent tout exprés dans le temps de l'accouplement pour y porter la semence, & au moment de la chute de l'œuf pour le recevoir. C'est leur donner bien de l'esprit de les faire agir avec tant de justesse. Je voudrois bien demander à ces Auteurs, si le testicule à autant de prudence pour ouvrir dans ce mesme moment le pretendu trou qu'ils imaginent, & donner passage à la semence pour la fecondité des œufs dont il est rempli. Il faut que cela se fasse, autrement la semence de l'homme n'arroseroit que la surface externe de la membrane du testicule, ce qui semble ne pas suffire pour rendre les œufs fœconds. Je dy qu'ils doivent accorder de l'esprit, & de la prudence à ces parties pour executer ces commissions; car il n'y a point de cause qui puisse contraindre le testicule à s'ouvrir pour recevoir la semence, ny la trompe à s'appliquer au testicule pour l'y porter. Aussi Graf avoüe qu'il n'est ouvert qu'immediatement devant ou aprés la ſortie de l'œuf, & ainſi il ne l'eſt pas dans le temps de la reception de la ſemence.

Cet Auteur me ſurprend dans la conjecture qu'il a que le grand chatoüillement, où l'exceſſive volupté que les femmes reſſentent dans l'action de l'amour, eſt cauſée par l'entrée de la ſemendans les cornes de la matrice. Vray ſemblablement il n'a pas eu la curioſité de les interroger ſur ce point. Car quoyque ce plaiſir ſe répande par tout le corps, elles n'en marquent pourtant pas l'endroit principal ou la ſource au lieu ou les cornes de la matrice ſont ſituées.

Depuis cette diſſertation achevée, je fis ouvrir, il y a quelquetemps une jeune femme, par Monsieur Mery Chirurgien de l'Hostel-Dieu, qui dissequeavec une adresse singuliere, & une patience infatigable; de sorte qu'il a les plus beaux & les plus curieux ouvrages Anatomiques que l'on puisse voir: Tous les curieux qui le vont visiter en sont surpris, & leur étonnement redouble quand ils apprennent le peu de loisir qui luy reste, estant presque toûjours employé ou aux accouchemens difficiles, ou à tailler les malades de la pierre, & à les penser ensuite jusqu'à ce qu'ils soient gueris. Ce qui le rend encore plus recommandable, est que son merite ne luy donne point de vanité, & qu'il cherche les faits Anatomiques sans préoccupation. J'ay toûjours emprunté ses mains pour m'éclaircir sur les choses douteuses; & quoy qu'il m'eust assez fait voir de matrices désaichées qu'il conserve avec leurs moindres parties, & beaucoup d'autres aussi dans le temps mesme qu'il les dissequoit; Je voulois encore en voir une dans sa situation, & negliger toutes les autres parties pour m'attacher uniquement à celle-là. Le hazard fit plus pour nous que toute la prudence humaine n'auroit pû faire. Nous trouvasmes le pavillon ou l'extremité de la trompe droite de la matrice unie au peritoine, deux doigts à costé de l'intestin droit, en telle sorte qu'en soufflant dans la matrice cette trompe s'enfloit sans que l'air pust en sortir. La trompe du costé gauche avoit une structure extraordinaire. Au lieu de sa figure accoûtumée, elle serpentoit dés son origine, & aprés quelques circonflexions, son pavillon ou son extremité finissoit vers le fonds de la matrice à qui elle estoit attachée par un ligament membraneux, qui étoit une continuité du peritoine, de sorte qu'il eust esté impossible de l'éloigner de la matrice sans rompre cette membrane. Le testicule de ce mesme costé estoit enfermé dans une poche produite du peritoine, de sorte qu'on ne pouvoit l'appercevoir que par une seule ouverture, où il estoit absolument impossible d'appliquer avec les mains mesme, l'extremité de la trompe à cause de l'attache que je viens de dire.

J'envoyay chercher plusieurs de mes amis pour leur faire voir une chose si rare, Monsieur Morin Medecin de l'Hostel-Dieu, & Monsieur de Sainctyon Medecin du Roy s'y trouverent, tous Messieurs les Medecins de l'Hôtel-Dieu l'a virent le lendemain, dans la suite on la montrée à plusieurs Curieux, & on la fera voir à tous ceux qui le souhaitteront; car on a eu soin de la séparer avec ses attaches, & de la conserver. Il y avoit donc dans cette femme une impossibilité Physique d'avoir des enfans, par le moyen des œufs, puisque du costé droit l'air mesme ne pouvoit pas sortir par le pavillon ou l'extremité de la trompe, & que du costé gauche le pavillon estoit attaché à la matrice par une membrane qu'il eust fallu rompre pour l'en éloigner & l'approcher du testicule, qui estoit comme j'ay dit enfermé dans une poche formée du peritoine. Cependant cette femme avoit eu des enfans, & avant que de l'ouvrir, & sans soubçonner rien de ce que nous trouvâmes, nous le reconnûmes par des marques certaines. Madame la Marche Maistresse Sage-Femme de l'Hostel-Dieu y estoit presente. Elle a une capacité singuliere dans sa Profession, & beaucoup d'esprit & de discernement pour toutes chôses. Je luy demandé sa pensée sur beaucoup de questions, touchant les marques de virginité ; je voulus sçavoir à quoy elle avoit connu d'abord, que cette femme que nous allions ouvrir, avoit eu des enfans. Elle me fit observer les plis du ventre, & comme je luy repliqué qu'il se pouvoit faire qu'elle eust esté hydropique, ou qu'elle eust eu le ventre enflé par d'autres causes que par la grossesse, & que les mesmes plis fussent restez. Pour me convaincre, elle me fit voir & à toute la compagnie, ce que les Sages-femmes appellent entr'elles le déchirement de la fourchette, qui est une dilaceration de l'entrée de l orifice externe vers l'anus qui se fait toûjours à la sortie du premier enfant, & qui par consequent est une marque indubitable de l'accouchement qui a precedé. Je ne me foucie guere qu'on croye ou qu'on ne croye pas ce que je dy.

J'assure en homme d'honneur qu'il est vray, & ce fait m'a tellement confirmé dans mon opinion que je croirois plûtost aux reveries de l'Alcoran qu'au sentiment que je refute. J'ay horreur en toutes choses du mensonge & du déguisement. Si j'écrivois sur la pratique de la Medecine, on devroit bien estimer mes Livres; car je n'enfermerois point sous des termes obscurs les remedes particuliers que je puis avoir, comme ont fait les Chymistes, & je ne donnerois pas comme les Galenistes des receptes inutiles. Avant que j'eusse l'usage de la Medecine, je pensois tout guerir en lisant leurs Livres: mais il s'en faut beaucoup que l'évenement n'ait répondu à mon attente, si je n'eusse trouvé par mon étude & mon application une autre maniere de traiter les malades, que celle que nos Livres prescrivent, j'aurois assurément abandonné la Medecine.

REPONSE AUX raiſons, par leſquelles le Sieur Galatheau prétend établir l'Empire de l'Homme ſur tout l'Univers.

QUoy-que je n'aye point l'honneur de connoiſtre Monſieur Galatheau, & qu'il n'y ait aucunes raiſons qui m'obligent à ménager ſa réputation; Je ſouhaitterois pourtant qu'il ne m'euſt point engagé par ſon Livre, à montrer à tout le monde la foiblesse de ses raisonnemens, & la faute qu'il a faite d'écrire sur une matiere qu'il ne comprend pas. Comme il estoit à Paris, il eut mieux fait de me voir pour s'éclaircir de ses difficultez, je luy aurois dit les choses de tant de manieres que peut-estre, il les eut enfin entenduës. S'il en eut usé de la sorte, il se seroit épargné quelques chagrins, & m'auroit exempté de la fatigue de répondre à un Ouvrage qui n'a point de suite. Cependant, il faut franchir le pas, & pour le payer des honnestetez qu'il me fait au commencement de sa Dissertation, chercher dans nostre langue les termes les plus doux pour exprimer les étranges égaremens où il est tombé. J'ay lû & relû cent fois son Livre, pour

pour voir ſi je pourrois y apporter quelque ordre, mais j'ay inutilement travaillé, & je ſuis obligé de le ſuivre page à page pour le refuter.

Si je n'eſtois ami de la paix, & que je ne fuſſe bien-aiſe d'éteindre les querelles que quelques-uns de mes Confreres m'ont forcé d'avoir avec eux, je prendrois un grand plaiſir à retoucher les portraits qu'il en a faits; Mais je veux les paſſer ſous ſilence, pour ne m'engager pas dans une ſeconde guerre. Je ne puis pourtant m'empeſcher de témoigner, en paſſant, la ſurpriſe où je ſuis, de voir que Monſieur Galatheau en faiſant le portrait de Monſieur Blondel * ait fait ſon Oraiſon funebre, quoy qu'il ſoit grace à Dieu plein de vie & de ſanté.

* *Il dit de luy,* Bene vixit quia bene latuit

N

Je ne ſuis pas d'humeur à laiſſer de la ſorte le portait qu'il fait de luy-meſme. Il s'encenſe agréablement, & s'applaudiſt de l'addreſſe qu'il pretend avoir à diſſequer que perſonne ne peut luy conteſter comme il aſſure, parce qu'il a appris de Riolan, & qu'il a eu des conferences avec Stenon. Je ne ſçay ſi la conſequence qu'il tire eſt auſſi bonne qu'elle luy eſt favorable, mais ſupposons que cela ſoit, peut-il ſur ce fondement s'établir comme il fait, l'Arbitre des differens de Monſieur Creſſé & de moy ? Ce n'eſt pas ſur le fait de la diſſection que nous avons eu nos diſputes, les queſtions que nous avons débatuës n'ont aucun rapport avec l'addreſſe de diſſequer. Je ne puis comprendre avec quelle presomption il s'érige en juge, & je suis assuré que Monsieur Cressé ne le reçoit pas; encore qu'il decide en sa faveur.

Or pour faire voir qu'il n'a point les qualitez necessaires pour estre nostre Arbitre, il faut faire observer qu'il n'a point compris nostre different. Il entre en matiere par un contresens si étrange, que je ne sçay comment un homme de son âge qui dit avoir tant étudié a pû y tomber. J'ay avancé, comme il rapporte, que le sentiment que j'allois établir estoit tres-conforme à la Religion; & pour monstrer que j'ay tort en cela, il dit, que personne ne peut se persuader que la doctrine dépicure soit conforme à la Religion, & s'étendant sur cette matiere, il fait voir qu'elle y est fort opposée. En bonne foy devroit-on permettre à des gens d'écrire quand ils raisonnent de la sorte. Avant que d'établir mon opinion dans mon second discours ; j'ay rapporté celle dépicure, & j'ay fait remarquer en termes exprés qu'elle est contraire à la Religion. Je me plains dans mes reflexions de ceux qui m'attribuent les sentimens de ce Philosophe ; Cependant Monsieur Galatheau veut que mon opinion soit opposée à la Religion, parce que celle dépicure y est contraire. Quelle confusion ? Faut-il redire cent mille fois la mesme chose, pour faire comprendre à des Docteurs de soixante ans, ce que j'ay fait concevoir aisément à de jeunes gens de dix-huit ou vingt. Je ne ſuy touchant la maniere de raiſonner de l'uſage des parties, ny Galien, ny Ariſtote, ny Epicure. Aucun de ces Philoſophes ne s'accorde avec nôtre Religion; Et je ne ſçay pourquoy Monſieur Galatheau avance que la Philoſophie d'Ariſtote luy ſert de fondement. Comment ce Philoſophe avec ſon opinion de l'éternité du monde, peut-il s'accorder avec la Geneſe, & paſſer pour un Apoſtre? Comment Galien de meſme paſſeroit-il pour un Pere de l'Egliſe avec ce qu'il a écry contre les Livres de Moyſe? Cependant ce ſont les moindres titres qu'ils meritent ſur les éloges de Monſieur Galatheau; (*C'eſt entreprendre*, dit-il, *contre la Theologie Chrê-*

tienne, de ne croire pas que la Philosophie d'Aristote luy sert de fondement? Qui ne sçait que c'est à Platon & à Aristote qu'appartient la gloire d'avoir fourni des armes à tous les Peres de l'Eglise, pour la deffense de la Foy?) En verité on ne peut en dire davantage des Evangelistes ou des Apostres, & j'avois toûjours crû jusqu'ici que leurs Ecrits & ceux de l'Ancien Testament estoient les fondemens de la Theologie Chrestienne, & fournissoient des armes pour la deffense de la foy.

Je ne veux point faire une longue reflexion sur ce qu'il dit des honneurs qu'Aristote a receus en divers siecles. Mais je ne puis passer sous silence le peu d'érudition qu'il a, & l'ignorance où il est des differentes fortunes qu'Aristote a couruës. Depuis le troisiéme siecle, dit-il, on n'en n'a vû pas un où ce Philosophe n'ait receu des marques d'honneur. Je dy au contraire jusqu'à la fin du douziéme siecle, la Philosophie d'Aristote a toûjours esté dans l'infamie parmy les Chrestiens. Tous les Peres & tous les Docteurs de l'Eglise l'ont considerée comme la source de toutes les Heresies, & de toutes les impietez. Il ne faut que lire le Livre de Monsieur de Launoy sur ce sujet. P. 6.

lib. De varia Aristotelis fortuna.

Clement Alexandrin accuse Aristote d'avoir borné la providence de Dieu, &

Usque ad lunam ejus definit providentiam deinde munde luy avoir ostée à l'égard des choses sublunaires, d'avoir crû mesme que le monde estoit Dieu.

Tertulien se déchaîne contre sa Dialectique, & dit que S. Paul parle d elle quand il avertist les Collossiens de prēdre garde qu'on ne les trompe par une vaine Philosophie.

dum Deum esse existimat, *In admonitione ad gentiles.*

Miserum Aristotelem qui illis id est hæreticis Dialecticam instituit artificem struendi & destruēdi versipellem in sententiis Coactam; in cōjecturis duram in argumentis operariam contentionem, molestam etiam sibi ipsi omnia retractantem nequid omnino tractaverit. Hinc illæ fabulæ, & Genealogiæ interminabiles, & quæstiones infructuosæ & sermones serpentes velut Cancer à quibus nos Apostolus refræuans nominatim contestatur Philosophiam caveri oportere, scribens ad colossenses videte nequis vos circonveniat per Philosophiam & inanem seductionem. *lib.* de præscriptione hæreticorum. *c.* 7.

Origene dit que sa morale fait plus de cas que toute autre secte, des biens que les hommes estiment beaucoup, & par consequent elle les attache à des choses que le Christianisme ordonne de mépriser.

Peripatetica secta plusquam aliæ tribuit bonis quæ magni fiunt apud homines. *lib.* 1. contra Celsum.

Lactance le met au rang de ceux qui ont nié la providence, & dit qu'au lieu que les Stoïciens ont attribué la production des animaux à la sagesse de Dieu, Aristote au contraire, pour se délivrer de peine a assuré que le monde a toûjours esté, & qu'il durera

ij. Maxime fuerunt in ea sententia qui esse providentiam negant. Nam stoici animantium fabricam divinæ solertiæ tribuunt. Aristoteles autem labore se ac molestia liberavit dicens semper mundum fuisse itaque

toûjours, & qu'ainsi les homme & les autres choses qu il contient n ont point eu de commencement, & n'auront point de fin.

& humanum genus & cætera quæ in eo sunt initium non habere sed fuisse semper ac semper fore *l.* 2 contra gentiles. c. 1.

Eusebe de Cesarée accuse les Heretiques de son temps, de corrompre le sens de l'Ecriture par les subtilitez de la Philosophie d'Aristote.

Aristoteles & Theophrastus in summa habentur veneratione Galenum etiam fortasse nonnulli summe venerantur.

Hi ergo tum infidelium artibus ad erroris sui sententiam roborandam abutuntur tum solerti impiorum astutia & subtilitate simplicem ac sinceram divinarum scripturarum fidem adulterant. *l.* 5. Historiæ Ecclesiasticæ, *c.* 27.

Epiphane reprend certains heretiques d'avoir tout ſuccé le poiſon d'Ariſtote, & d'avoir pour le ſuivre & les autres Dialecticiens abandonné la douceur & l'humilité que Dieu recommande dans ſon Evangile.

Ariſtotelis virus omne in ſeipſis expreſſerunt & innocentem Spiritus ſancti ſimplicitatem benignitatémque relique ũt mãſuetudine relicta calliditatem, potius amplexi ſunt ſeque ad Ariſtotelem & cæteros hujus mundi dialecticos accommodare maluerunt. *l.* 2. hæreſi. 69.

Saint Jerôme aſſure que l'hereſie d'Arius puiſe ſes raiſons dans la ſource d'Ariſtote.

Accedit ad hoc quod Ariana Hæreſis magis cũ ſapientia ſæculi facit & argumentationum rivos de fontibus Ariſtotelis mutuatur *in dialogo contra luciferanos.* 3.

Saint Augustin reproche à Julien, contre qui il écrit, qu'il combat les Peres par les categories de ce Philosophe : & dans un autre Livre, il dit, que les saints Prelats de l'Eglise de Dieu ne se sont point rendus recommandables par les sciences de Platon, d'Aristote, ny de Zenon, mais par l'Ecriture sainte.

Quæ tibi argumenta succurrent? Quæ Aristotelis Categoriæ quibus ut in nos velut artifex disputator insilias videri apetis elimatus. l. 1. Contra Jul. c. 4.

Sanctos & in sancta Ecclesia, Illustres antistites Dei non Platonicis Aristotelicis & Zenonicis aliisque hujuscemodi Græcis vel Latinis verum omnes Sacris Litteris eruditos nominatim expressi. *lib.* 2. contra Jul. *c.* 10.

Je n'aurois jamais fait si je voulois rapporter de suite tous les plus illustres Peres & Doſteurs de l'Egliſe qui ont crû la Philoſophie d'Ariſtote tres-pernicieuſe & tres-contraire à nôtre Religion ; c'eſt pourquoy je veux finir cette matiere, en faiſant faire au Lecteur une reflexion de tres-grande conſequence.

Les Peres de l'Egliſe n'ont point crû qu'il faluſt ſe ſervir de Philoſophie pour établir la Religion, ny pour la deffendre. Elle ne doit s'étendre qu'à l'explication des choſes naturelles, ſans s'efforcer de penetrer, & de faire concevoir les myſteres de la Religion, qui ſont incomprehenſibles. Comme elle n'a point aſſez de force pour les établir, elle en a encore moins pour les détruire ; & ainſi la

Philosophie & la Religion sont deux choses, dont les principes sont entierement differens.

Le premier pas pour devenir fidele & Chrestien, est de croire sans chercher de raison, le premier pas pour devenir Philosophe, est de douter jusqu'à ce qu'on ait trouvé une raison évidente. C'est la doctrine que j'ay soutenuë dans mes reflexions à la fin de mes Discours Anatomiques : Je l'ay puisée dans les Peres, & je m'étonne qu'on s'en est si fort éloigné dans les derniers siecles. Or pour montrer que je n'avance rien sans bonne preuve, je veux ici rapporter quelques-uns de leurs passages.

Basile Evesque de Capadoce reprend Eunomius de ce qu'il se sert des Syllogismes d'Aristote & de Chrysipe, & assure qu'on peut s'en passer facilement. Qu'est il besoin, dit-ce Pere, des Syllogismes d'Aristote ou de Chrysipe, pour apprendre que celuy qui n'est point engendré, n'a esté produit, ny par soy-mesme ny par un autre, & qu'il n'est ny devant ny aprés soy mesme.

Num Aristotelis aut Chrysippi syllogismis opus est, ut eum perdiscamus qui ingenitus est, neque a seipso, neque ab alio genitum, nec priorem esse nec posteriorem seipso. Basilius l. 1. contra Eunomium.

Gregoire de Nazianze dit qu'il n'est

Alias contrà exiguo ingenio est

pas necessaire qu'un Chrestien ait un esprit sublime, qu'au contraire, il ne sçait point les fleurs de Retorique, les sentences & les enigmes des Sages, les manieres de douter de Pyrrhon, les solutions des Syllogismes de Chrysipe, l'artifice des mechantes sciences d'Aristote, ny les præstiges de l'eloquence de Platon; qui sont des pestes qui ont infecté l'Eglise, comparables aux playes que Dieu fist ressentir à l'Egypte.

& lingua pauper nec verborum flexus & captiones novit, nec sapientũ dicta & ænigmata, nec Pyrrhonis instantias aut assensus, retentiones aut oppositiones, nec Syllogismorum Chrysippi solutiones aut Pravum artium Aristotelicarum artificium, aut Platonicæ eloquentiæ præstigias, quæ velut ægyptiacæ quædam plagæ in Ecclesiam nostram irrepserunt.

Voyez, dit S. Jean Chryſoſtome, quel danger il y a de commettre les choſes de la foy aux raiſons humaines, & non à la foy-meſme. Et dans un autre Livre, il n'y a rien de plus dangereux de ſouſmettre les choſes ſpirituelles aux raiſons humaines. Nous nous appellons fideles, parce qu'en mépriſant leur verité (*apparente*) nous nous élevons à la foy.

Vide quantum ſit periculum Res fidei permittere humanis rationibus & non fidei in pſalmos cap. cxv.

Nihil pejus eſt quam humanis rationibus ſpiritualia ſubjicere. Ideo nos fideles appellamur ut humanarũ cogitationũ veritate contẽpta ad fidei altitudinem evadamus hom. xxiv. in Joannem.

Cet Argument eſt tortu, dit ſaint Jerôme contre les Pelagiens, & embaraſſe la ſimplicité de l'Egliſe

Hæc argumentatio eſt tortuoſa Eccleſiaſticam ſimplicitatẽ inter Philo-

dans les buiſſons des Philoſophes. Quel rapport ou quel commerce d'Ariſtote avec S. Paul, ou de Platon avec ſaint Pierre ? Et dans un autre endroit, ta diſpute ne vient point de la ſource de la verité ny de la ſimplicité Chreſtienne, mais des minuties, & de l'artifice des Philoſophes.

ſophorũ ſpineta concludens. Quid Ariſtoteli & Paulo? Quid Platoni & Petro. *l.* 1. contra Pelagianos.

Diſputatio tua non ex fõtibus veritatis & Chriſtiana ſimplicitate, ſed ex Philoſophorum minutiis & artè deſcendit.

Ce meſme Auteur dans un autre Livre, dit en parlant à celuy contre qui il écrit, abandonne je te prie les argumens des Philoſophes, & parle avec la ſimplicité Chrê-

Oro te ut Philoſophorũ argumentatione depoſita Chriſtiana mecum ſimplicitate loquaris ſi tamen dialecticos non ſequeris ſed piſcatores ;

tienne, si tu n'aime mieux suivre les Dialecticiens que les pescheurs. Et contre Heluidius nous ne cherchons point les fleurs de Rhetorique, ny les pieges des Dialecticiens, ny les embaras d'Aristote. Il faut se servir des paroles mesme de l'Ecriture.

adversus luciferanos.

Non Rhetorici Campum desideramus eloquii non dialecticorũ tendiculas nec Aristotelis spineta conquirimus, ipsa scripturarũ verba ponenda sunt.

Tu pense estre bien sçavant, avec ta Dialectique, dit saint Augustin à Julian, contre qui il écrit, ce n'est pas Aristote dont tu sçais solement les Categories, mais saint Paul qui dit que par un seul homme le pe-

Magnum aliquid te Dialectica docuit, &c. Nõ enim Aristoteles cujus Categorias insipienter sapis sed Apostolus dicit per unum hominẽ peccatum intravitin mundũ.

l. 5 contra Julianum c. 4.

ché eſt entré dans le monde.

Hæc breviter piſcatorie & non Ariſtotelice ſuggeſſimus. In epiſtola ad Leonē Thraæcem imp. parte 3 Calchedonenſis Cōcilii cap. 52.

L'aſſemblée des Eveſques de Pont s'exprime ainſi dans une lettre, nous vous avons parlé en peu de mots comme des Peſcheurs, & non pas à la maniere des Partiſans d'Ariſtote.

Il eſt donc vrai, ſuivant le ſentiment des Peres, que la Religion & la Philoſophie, ne doivent point avoir de commerce; que la raiſon des hommes toûjours foible & douteuſe ne doit point ſervir pour établir la foy, mais qu'il faut avoir recours, à l'Ecriture Sainte, qui ſeule en contient les fondemens.

Je ſçay qu'on peut trouver des Peres de l'Egliſe qui ſe ſont ſervis des raiſonnemens des Philoſophes, mais ſi l'on prend garde comment ils s'en ſervent, on trouvera que c'eſt pour détruire les erreurs des Payens, & renverſer leurs Divinitez par leurs propres Principes, ſans qu'ils ayent jamais pretendu élever ny affermir la Foy ſur ces fondemens. Quand donc Monſieur Galatheau fait un parallele de la Philoſophie de Platon & d'Ariſtote, avec celle d'Epicure pour ce qui regarde la foy, il ne ſçait ce qu'il dit; puiſque toutes les Philoſophies des Payens ont de tres-grandes contrarietez avec la Foy. Sur tout celle d'Ariſtote en a d'infinies, comme on peut aiſément le remarquer dans le recueil qu'en a fait Patricius qui professoit la Philosophie à Rome sous le Pontificat de Gregoire XIV. Et dans la reflexion qu'on peut faire sur Pomponace Vaninus, & tous les Athées des derniers temps qui ont tous esté sectateurs d'Aristote.

Depuis, tous les Docteurs que j'ay citez, & plusieurs autres qui sont venus dans la suite des siecles, & ont détesté la doctrine d'Aristote, comme pernicieuse; Il y eut au commencement du douziéme siecle un Concile Provincial assemblé à Paris, qui commanda de brûler tous les Livres d'Aristote qu'on y enseignoit, & deffendit à tout le monde, sous peine d'excommunication, de les écrire ou de les lire, parce qu'ils avoient donné occasion à l'heresie d'Almaricus, & qu'ils étoient capables d'en faire naistre encore de nouvelles. Voilà quel fut l'honneur que l'on rendit en ce temps-là à l'Apostre de Monsieur Galatheau, qu'il prétend avoir esté le maistre des Chrestiens de tous les siecles, & en avoir esté toûjours honoré depuis le troisiéme.

In diebus illis legebātur libelli quidā de Aristotele ut dicebātur cōpositi qui docebāt Metaphysicam delati de novo à Constātinopoli, & A græco in Latinū translati qui quoniam non solū hæresi sententiis subtilibus prebebāt occasionem Immo & aliis nondum invētis præbere poterant jussi sunt omnes Comburi & sub pœna excommunicationis cautum est in eodem Concilio nequis eos de cætero scribere & legere præsumeret vel quocumque modo habere. Rigordus in vita Philippi Augusti.

Environ six ans aprés ce Concile, le Legat du Pape qui reforma l'Université de Paris, s'éloignant un peu du sentiment des Peres & du Concile, permist qu'on enseignast la Logique d'Aristote; mais il reïtera les deffenses de lire sa Physique, ny sa Metaphysique.

Seize ans aprés, Gregoire IX. fit encore deffenses, sous peine d'excommunication, de lire les mesmes Livres, jusqu'à ce qu'on les eust examinez, & qu'on les eust purgez de toutes leurs erreurs.

Peu à peu les autres Livres furent receus: mais il faut remarquer que ceux que Monsieur Galatheau loüe davantage ont eu beaucoup plus de peine à estre introduits que les autres, tant il est sçavant dans l'histoire, & capable d'un juste discernement.

Les

Les Cardinaux qui de temps en temps, ſous l'autorité des Papes, ont reformé l'Univerſité de Paris, ont peu à peu fait enſeigner tous les Livres d'Ariſtote; de façon, que malgré tous les efforts de ceux qui tenoient le parti des Peres & du Concile dont j'ay parlé, la Philoſophie d'Ariſtote à non ſeulement eſté permiſe; mais elle eſtoit ſi abſolument maiſtreſſe dans le dernier ſiecle, & au commencement de celuy-cy, que pour elle on a banny toutes les autres; & comme au temps des ſaints Peres, dans la pureté du Chriſtianiſme, on la déteſtoit comme pernicieuſe; dans ces derniers temps on la reverée juſqu'a l'Idolâtrie: Et la chaleur de ſes Partiſans a eſté ſi exceſſive, que pour vanger l'injure qu'on avoit faite autrefois aux Livres d'Aristote en les brûlant, ils auroient s'ils eussent pû, fait brûler les hommes mesme qui enseignoient une autre doctrine; du moins il est certain, que pour adoucir leur importune fureur, on a esté obligé de bannir quelques-uns de leurs adversaires, & de deffendre d'enseigner une autre doctrine, à peine de la vie. Estrange changement, capable de surprendre tous ceux qui n'ont pas remarqué dans les diverses histoires de tous les peuples, les grands changemens qui sont arrivez de temps en temps dans leurs Religions, dans leurs mœurs, dans leur maniere de gouvernement, dans leur doctrine, dans leur fortune, en un mot dans toutes choses.

Monsieur Galatheau ne s'est souvenu que de ce dernier siecle, où Aristote a esté honoré, & par une figure de Rethorique jusqu'ici inoüie dans l'histoire, il a fait remonter cet honneur jusqu'au troisiéme. J'aurois passé sous silence cette grossiere erreur, si je n'avois envie de donner à son portrait tous les traits necessaires ; mais comme il a commencé de se peindre, je veux l'achever, sans pourtant chercher d'autres couleurs que celles qu'il m'a fournies dans son Livre.

Mais quand ce qu'il dit du pretendu honneur qu'on a fait à Aristote seroit vray, sa Philosophie n'en vaudroit pas mieux. Tous les honneurs que mille peuples divers rendent à Mahomet, ne font pas sa religion meilleure. Comme en fait de Religion, on doit se regler sur la sainte Ecriture, sans prendre garde au nombre des Sectateurs; en fait de Philosophie, on doit se regler sur la raison & sur l'experience, sans conter les partisans de chaque secte. Nous sommes maintenant dans un temps où il est permis à chaque Philosophe de dire sa pensée, quand elle n'est point contraire à la Religion ny au bien de l'Estat : le party d'Aristote est affoibli, il n'a plus que de maigres honneurs dans les Colleges : s'il étoit encore dans sa vigueur, je n'aurois pas eu l'imprudence d'écrire ny de m'exposer à la fureur de gens qui voilent leurs emportemens en des choses indifferentes, d'un faux zele de religion. Je loüe un homme qui se sacrifie pour la deffense de la Foy, parce qu'aprés sa mort il en espere la recompense. Mais je ne puis excuser la folie de ceux qui s'exposent à des peines pour soûtenir une opinion, puisqu'il n'y a point de Paradis particulier pour les Martyrs de Philosophie, & qu'en parlant comme les autres quand on y est forcé, on a toûjours la liberté de penser comme l'on veut.

Monsieur Galatheau aprés avoir donné à Aristote des loüanges qui ne servoient de rien à son sujet, semble vouloir entrer en matiere, mais d'une maniere si embroüillée, qu'en verité j'ay peine à l'éclaircir avec toute l'application que j'y apporte. Il demande par quels avantages les animaux peuvent contrebalancer ceux que l'homme a receus dans la grace du second Adam. A quel propos fait-il cette question ? Ay-je jamais comparé l'homme en grace avec les animaux : qui ne sçait que tous les avantages des animaux unis ensemble, ne sont point comparables aux moindre de ceux que l'homme retire de la grace. Quand j'ay fait un parallele de l'homme & des animaux, je l'ay consideré en Philosophe avec ses avantages & ses deffauts naturels, & c'est en cet estat que je l'ay dépoüillé du titre de maître de l'Univers. Je sçay que l'homme ne s'est jamais trouvé dans un estat purement naturel à l'égard de l'ame; nos premiers parens furent produits en grace, & tous leurs descendans sont nez dans le peché : Mais Dieu pouvoit produire l homme avec les seules qualitez attachées à sa nature, sans qu'il fust absolument necessaire qu'il fust en estat de grace, ou en estat de peché comme les Theologiens en demeurent d'accord. Or il est à present dans cet état, pour ce qui regarde les choses purement naturelles, d'autant que par son peché, il est déchu des avantages que Dieu luy avoit accordés par grace en le formant, & a perdu par sa desobeïssance l'exemption de la mort & des souffrances qui luy arrivent de la part des principes qui le composent, ou des autres corps de l'Univers. Monsieur Galatheau ne peut comprendre, dit-il, en plusieurs lieux ce que j'entends par pure grace, il faut donc luy expliquer pour tâcher de luy faire concevoir.

On ne peut douter que toutes les perfections qui sont dans l'homme ne viennent de Dieu; puisqu'il en est l'autheur. Elles ne sont pourtant pas toutes de pures graces, il y en a sans lesquelles l'homme ne pouvoit absolument estre, comme sont celles d'avoir un corps & une ame. Il y en a sans lesquelles il pouvoit absolument estre, mais qu'il devoit pourtant avoir, pour estre accompli dans sa nature, conformément à l'idée que Dieu en a; comme d'avoir deux yeux, deux pieds, &c. Ces perfections dans l'opinion des Theologiens

& des Philosophes, ne doivent point estre appellées de pures graces : mais les avantages sans lesquels l'homme peut-estre accompli dans sa nature, comme le pouvoir d'exciter les vents, ou de les appaiser, de marcher surement parmi des Lions & des Tigres, comme parmi des moutons, de calmer les flots d'une mer agitée, de diviser ses eaux & passer au travers sans en estre submergé : de faire changer de place aux élemens, d'esteindre le Soleil, d'obscurcir la Lune & les Estoiles suivant son vouloir. Ces perfections, dis-je, seroient de pures graces, absolument indépendantes de la nature de l'homme, qui le rendroient, s'il les avoit, maistre de l'Univers. Voilà donc la distinction qu'il faut faire; Si Monsieur Galatheau la conçoit, toutes ses difficultez sont levées; s'il ne la comprend pas, je prie Dieu qu'il dissipe par une pure grace les tenebres de son esprit, & qu'il luy face entendre. Assurément, je ne puis parler plus clairement que j'ay fait dans mes reflexions: J'ay honte pour la nature humaine, qu'elle ait des sujets de si dure conception, & qu'il faille trouver des raisons pour leur persuader, ce qu'ils voyent devant leurs yeux, & ce qu'ils ressentent en eux-mesmes. Cependant, puisque j'y suis contraint, j'apporteray de si fortes preuves, que j'aurois lieu d'esperer sans l'amour propre qui aveugle tout le monde, qu'un jour la posterité s'étonneroit qu'il y euſt eu des hommes aſſez inſenſez, pour ſe croire maiſtres de l'Univers, & qui euſſent penſé poſſeder un ſi chimerique Empire.

Je ne puis me reſoudre à me ſervir de l'étrange maniere de parler de Monſieur Galatheau, ny à reciter les termes de Dialectique qu'il employe mal à propos. Je me contenteray de donner à ſes penſées tout le jour & toute la force qu'elles peuvent avoir. L'homme, dit-il, a eſté fait à l'Image de Dieu; cette Image, ſuivant les ſaints Peres, conſiſte dans la Juſtice, qui ſoumet les paſſions à la raiſon, & la raiſon à Dieu; & dans l'Empire & l'autorité derivée du Tout-Puiſſant pour la domination des Creatures. Par con- P. 101. & ſuivantes.

ſequent l'homme, ſuivant les ſaints Peres, eſt le maiſtre des Creatures : s'il avoit diſpoſé ſon argument de la ſorte, il euſt eſté tolerable, quoy qu'il n'euſt pû rien conclure; car ſuppoſé ce qu'il dit de l'opinion des Saints Peres, qui ſont bien embaraſſez à expliquer en quoy conſiſte cette Image ou reſſemblance; Je demande à Monſieur Galatheau, & à tous ceux de ſon party, s'il entend parler de l'homme en general, ou d'Adam le premier de tous. S'il entend parler de l'homme en general, ſa propoſition eſt fauſſe car l'homme en general ne fut pas produit, mais Adam; Et s'il ſe contente de dire, qu'il entend Adam, comme il doit l'entendre, comment d'une propoſition particuliere peut-il tirer une consequence generale ? Maintenant si cette ressemblance de l'homme avec Dieu consistoit en ce qu'il dit, elle a esté effacée par son peché, puisqu'aprés avoir peché, il n'a plus eu cette justice qui soûmet les passions à la raison, & la raison à Dieu, & que cette soûmission ne s'obtient qu'avec une grace efficace. Il a encore beaucoup moins conservé l'autorité ou l'Empire sur les Creatures.

Il veut ce semble confirmer son raisonnement, quand il dit que la nature humaine a esté plus élevée dans la grace du second Adam, qu'elle n'a esté abaissée dans la chute du premier. Cela est vrai, pour ce qui regarde les avantages surnaturels qui viennent de la grace sanctifiante, mais non pas pour ce qui regarde les avantages naturels ; car nous ne sommes pas exempts des maladies & de la mort dans la grace du second Adam, comme on l'eût esté dans celle du premier.

Je comprens bien par les écrits de Monsieur Galatheau, qu'il ne sçait pas assez de Theologie pour entendre ceci ; c'est pourquoy je veux l expliquer en sa faveur, pour ne laisser, si je puis, aucune obscurité dans ce que j'avance. On doit diviser les avantages que Dieu peut donner à l'homme au dessus de sa nature en grace sanctifiante, & grace que j'apelleray faveur. La grace sanctifiante apellée par les Theologiens *Gratia gratum faciens*, nettoye l'homme de peché, & le rend agreable à Dieu. La grace que j'appelle faveur est un avantage qui ne luy est point dû selon sa nature, comme le pouvoir de faire des miracles, l'exemption du froid & du chaud, des maladies & de la mort. Cette grace est appellée par les Theologiens *Gratia gratis data*, & se peut rencontrer dans un homme qui est en estat de peché. Or il est certain que la grace sanctifiante est plus abondante dans l'estat où nous sommes que dans celuy où estoit Adam; mais pour les graces que j'appelle faveurs, elles ont esté perduës pour le commun des hommes par le peché. L'Empire de l'homme sur l'Univers est de ce genre, & par consequent il n'est plus. En effet, puisque nous sommes tous décendus d'Adam selon la chair, il est juste que nous ressentions les defauts ou le corps est sujet : Et comme nous sommes spirituellement engendrez par le second Adam, nous participons aux biens de sa grace, quand nous nous rendons dignes d'être ses enfans. Je demande pardon aux Theologiens, si j'entre sur leurs terres, ce n'est pas pour les désoler, mais je suis forcé d'aller par où l'on me mene.

Je ne m'arresteray pas à faire observer toutes les fautes qui se rencontrent dans la dissertation de Monsieur Galatheau. Je parleray seulement de celles où il paroist quelque ombre de raisonnement. L'Homme, dit il, fut creé maistre des animaux comme on le voit dans la Genese, & cette proposition peut estre changée, en disant le maître crée des animaux est l'homme, dont l homme est le maître des animaux. En verité c'est avec peine que je fais voir les contradictions de MONSIEUR Galatheau, avec la raison & avec soy mesme. L'Homme, c'est à dire Adam, fut creé maistre des animaux, donc l'homme en general est le maistre des animaux, voilà un habile Logicien. Sans m'arrester à montrer les défauts surprenans de ce raisonnement, en marquant les regles des Syllogismes, qui ne sont pas entenduës de tout le monde; J'aime mieux par une comparaison incontestable le rendre ridicule. L'Homme fut creé blond de chevelure, donc universellement l'homme est blond : Seroit-ce bien conclure ! Monsieur Galatheau raisonne de mesme ; car comme l'homme peut estre blond & ne l'estre pas, il peut aussi estre maistre des animaux, & ne l'estre pas. Il n'est pas mieux d'accord avec soy-mesme qu'avec la raison ; puisque dans la page 13. il avoüe l. 5. que l'Empire dont il s'agist est au dessus de la nature de l'homme, & l. 27. Il conclut qu'il est inseparablement joint à sa nature. Millefois j'abandonne ma plume pour ne m'occuper pas inutilement à refuter des écrits qui se détruisent d'eux-mesmes. Cependant je la reprends quand je fais reflexion sur le nombre des esprits du caractere de Monſieur Galatheau, qui luy ont applaudi dans ſes raiſonnemens, & ont crû que je ne pourrois y répondre.

Il s'étonne de ce que je dis, p. 144 que la grace dont Dieu favoriſa Adam en le faiſant maiſtre des animaux, eſtoit au deſſus de ſa nature, & contraire à celle des animaux. Quel ſujet d'étonnement, puiſque ſelon la nature l'homme n'a point d'autre empire ſur eux que celuy que luy donne la force ou l'adreſſe, qui eſt un avantage commun aux animaux à proportion qu'ils ont plus de ces deux qualitez. Ils ne ſont point naturellement ſoûmis à la domination de l'homme, & ainſi quand par la grace que Dieu fiſt à Adam, ils luy furent ſoûmis, cette ſoûmiſſion estoit contraire à leur nature, comme la domination estoit au dessus de celle d'Adam. Ils ne sont pas faits, dit-il, pour dominer l'homme, & par consequent ils sont faits pour luy obeïr! Admirable consequence digne de l'esprit de Monsieur Galatheau. Ils ne doivent naturellement ny obeïr à l'homme ny luy commander. Ils agissent à son égard à proportion de la force ou de l'adresse qu'ils ont: quand ils sont plus foibles que luy, & qu'ils n'ont point d'addresse pour éviter ses mains, ils luy obeïssent comme font les brebis. Quand ils sont plus forts, comme les Lions, les Ours, & les Tigres, ils le dominent, & s'ils le trouvent seul, sans aucun respect pour sa Majesté, ils le déchirent & le dévorent.

Monsieur Galatheau ne sçauroit comprendre pourquoy je dy que nos premiers parens aprés leur peché retomberent dans les foiblesses de leur nature, & que ces foiblesses furent les peines & les suites du peché. Il n'y a pourtant rien en ceci que de tres-facile à concevoir. Adam & Eve estoient naturellement sujets aux foiblesses que nous ressentons ; Dieu en les produisant les en exempta par grace ; Il les menaça qu'ils perdroient cette grace s'ils luy désobeïssoient ; ils luy desobeïrent, ils perdirent cette grace, & retomberent dans leurs foiblesses naturelles, qui furent pourtant en ce cas des suites du peché ; parce que s'ils ne fussent point dévenus criminels, ils en eussent esté exempts par faveur. Et pour dire qu'ils retomberent, il n'est pas necessaire qu'ils y eussent déja tombé, il suffit que naturellement ils dussent estre en cet état. Il n'est pas necessaire non plus que dans quelque instant avant la grace, ils ayent esté dans un estat purement naturel; il suffit que par l'abstraction on puisse les y considerer; ce qui ne devroit pas estre difficile à Monsieur Galatheau qui veut paroistre bon Logicien.

Mais comme une comparaison peut servir à faire comprendre aux foibles genies ce qu'on veut leur faire concevoir. Je veux en aporter une. Un Seigneur a une femme esclave qui est grosse, son enfant de droict doit naiſtre eſclave, le Seigneur, cependant, par grace affranchiſt cet enfant, à condition qu'il obſervera un commandement qu'il ſe reſerve de luy faire dans le temps qu'il aura l'uſage de raiſon. Cet eſclave né de droict, & affranchy en naiſſant reçoit le commandement de ſon Seigneur, il ne l'execute point, au contraire il déſobeiſt ; il retombe par ſa déſobeïſſance dans l'eſclavage ou de droit il devoit naiſtre ; Et les peines de cet eſclavage ſont des ſuites de ſa déſobeïſſance, quoy que de droict il d'euſt les ſouffrir. Tous les enfans qui naiſſent de luy ſont eſclaves de meſme, & ſouffrent les peines de l'eſclavage plus ou moins ſuivant qu'ils ſont appliquez à des travaux plus ou moins difficiles, comme il fust arrivé, si ce Seigneur n'eust point affranchy son esclave en naissant. Ces peines pourtant sont des suites du peché de leur pere qui les auroit exemptés avec luy de l'esclavage s'il n'eust pas desobey à son Seigneur. Dieu est le Seigneur, Adam l'esclave-né selon le droit de la nature, de toutes les foiblesses qui y sont necessairement attachées, mais affranchy en naissant par une pure grace de Dieu de toutes ses infirmitez, comme des douleurs, des maladies, de la mort; les décendans de l'esclave sont tous les hommes qui endurent les peines de l'esclavage plus ou moins rudes comme ils eussent fait si Adam n'eust point esté affranchy en naissant. Si Monsieur Galatheau

latheau ne comprend cela que le Ciel l'illumine.

Pour démonſtrer que l'homme n'a point perdu par le peché l'Empire ſur tout l'Univers, il cite deux paſſages de la Sainte Ecriture qu'il dit eſtre formels, & qu'il appelle des preuves victorieuſes. Ce ſont en effet les moins méchantes raiſons qu'il ait employées pour établir ſon opinion & combattre la mienne.

Le premier eſt tiré du huitiéme Pſeaume de David. Qu'eſt-ce, dit ce Prophete, que l'homme dont vous vous ſouvenez, & que le Fils de l'Homme que vous viſitez, vous l'avez fait un peu

Quid eſt homo, quod memor es ejus? aut Filius Hominis quoniam viſitas eum? Minuiſti eum Paulo minus ab Angelis.

moindre que les Anges, vous l'avez couronné d'honneur & de gloire, & l'avez faic le maiſtre des ouvrages de vos mains. Vous avez mis toutes choſes ſous ſes pieds, les brebis, les bœufs, les troupeaux, les oiſeaux du Ciel, & les poiſſons de la mer. Or David n'auroit pas remercié Dieu comme il fait, d'une faveur que l'homme auroit perduë. Il faut donc que cet avantage luy ſoit encore reſté aprés le peché.

Gloria & honore Coronaſti eum & Conſtituiſti eum ſuper opera manuum tuarum.

Omnia ſubjeciſti ſub pedibus ejus oves & boves univerſas insuper & pecora campi volucres Cæli & piſces maris qui perambulant ſemitas maris.

Cette authorité avoit eſté propoſée par quelques-uns de nos

Docteurs, & ils en ont donné je pense le memoire à Monsieur Galatheau, où du moins tous ensemble avoient entendu chanter ce Pseaume à l'Eglise; Car s'ils avoient étudié la Sainte Ecriture, ils n'auroient pas fait cette objection. David ne parle pas toûjours dans ses Pseaumes de choses déja arrivées; C'estoit un Prophete, qui en bien des endroits a parlé des avantages que le Fils de Dieu devoit avoir, & le passage que Monsieur Galatheau rapporte est un de ceux-là. Ces glorieux avantages que Dieu a donnez au Fils de l'Homme, n'ont pas esté accordez à l'homme en general, mais à Jesus-Christ, & Monsieur Galatheau sera heretique s'il ne croit ce que je dy aprés la preuve incontestable que je vais en donner. Saint Paul l'explique de la sorte en deux endroits. C'est je croy un Interprete recevable. Il parle ainsi de Jesus-Christ aux Corintiens. Il faut qu'il ait abatu ses ennemis sous ses pieds, & la mort est le dernier qu'il doit détruire; car il est dit de luy que Dieu luy a mis toutes choses sous les pieds.

Oportet autem illum regnare donec ponat omnes inimicos sub pedibus ejus novissima autem inimica destruetur mors omnia enim subjecit sub pedibus ejus. Ad Corinthios ep. c. xv.

Le second endroit de Saint Paul, beaucoup plus formel & qui efface entierement tous les doutes qu'on pourroit avoir sur ce sujet, est dans l'E-

Non enim Angelis subjecit Deus orbem terræ futurũ de quo loquimur. Testatus est autem in quodam loco quis dicens:

piſtre aux Hebreux ch. 2. où il parle de la ſorte. Dieu n'a point ſoûmis aux Anges le monde dont nous parlons, & quelqu'un a dit en un certain endroit, qu'eſt-ce que l'homme dont vous vous ſouvenez, & le fils de l'homme que vous viſitez? Vous l'avez fait un peu moindre que les Anges, vous l'avez couronné d'honneur & de gloire, & l'avez établi le maiſtre des ouvrages de vos mains. Vous avez tout mis ſous ces pieds, & de ce que il luy a ſoûmis toutes choſes, il

quid eſt homo quod memor es ejus, aut filius hominis quoniam viſitas eum? Minuiſti eum Paulominus ab Angelis gloria & honore Coronaſti eum & conſtituiſti eum ſuper opera manuum tuarum. Omnia ſubjeciſti ſub pedibus ejus, in eo enim quod omnia ei ſubjecit nihil dimiſit non ſubjectum ei. Eum autem qui modico quam Angeli minoratus eſt videmus Jeſum proptei Passionem mortis gloria & honore coronatum.

s'ensuit qu'il n'y a rien qui ne luy soit soûmis. Or nous voyons que c'est Jesus qui a esté fait moindre que les Anges, & qui a esté couronné d'honneur & de gloire, à cause de la mort qu'il a soufferte.

Cette explication ne souffre point de replique ; c'est ainsi qu'il faut chercher le sens des passages obscurs de l'Ecriture dans d'autres qui les éclaircissent, & ne s'arrester pas aux vaines subtilitez de la Dialectique d'Aristote, qui est un crime que les Peres reprochent à tous les heretiques. Or il est certain que Jesus-Christ estant sur la terre a donné de sensibles marques des avantages que David luy attribuë, puiſque ſans peine il a pû donner la vûë aux aveugles, la parole aux muëts, le mouvement aux paralitiques, & meſme la vie aux morts. Il a eu le pouvoir de marcher ſur les eaux, d'exciter & calmer des tempeſtes, d'obſcurcir le Soleil en mourant, en un mot de diſpoſer de toutes les Creatures. Ce ſont-là les vrais caracteres d'un maiſtre de l'Univers, dont on ne trouve aucuns veſtiges dans le commun des hommes.

Le ſecond paſſage de l'Ecriture que Monſieur Galatheau rapporte contre mon opinion, eſt tiré du neuviéme chapitre de la

Terror veſter ac tremor ſit ſuper cuncta animalia terræ & ſuper omnes volucres Cœli cum universis quæ moventur super terram omnes pisces maris manui vestræ traditi sunt.

Genese, où Dieu dit à Noé; que tous les animaux de la terre, & tous les oiseaux du Ciel, vous craignent & tremblẽt devant vous, tous les poissons de la mer vous sont mis entre les mains; & par consequent, dit Monsieur Galatheau, l'Empire sur les animaux fut encore conservé à l'homme aprés son peché; asseurément en cet endroit, il laissa choir ses lunettes & ne put lire davantage; car s'il eust continué, il eust trouvé immediatement aprés la solution de la difficulté.

Voici ce qui suit; & tout ce qui remuë & à vie vous servira d'aliment. Je vous les ay tous donnez, comme les herbes verdoyantes, excepté que vous ne mangerez point la chair avec le sang. Il est aisé de voir par-là que ce n'est qu'une permission de manger des animaux que Dieu accorda aux hommes aprés le déluge, ce qui leur estoit deffendu auparavant. Si Monsieur Galatheau avoit lû l'argument de ce Chapitre, il l'auroit d'abord reconnu, voi-

Et omne quod movetur & vivit erit vobis in cibum quasi olera virentia tradidi vobis omnia, excepto quod carnem cum sanguine non comedetis.

ci comme il commence. Dieu benist Noé & ses fils, & leur permet de manger tous les animaux, avec les poissons, excepté qu'il leur en deffend le sang.

Deus Noé ac filiis ejus benedicit cũctisque animantia in cibum tribuit prohibito tamen illis sãguine Genes c. 9.

Voilà ce me semble les preuves victorieuses de Monsieur Galatheau assez bien vaincuës; je ne dy pas ceci pour l'insulter. Ces sortes de gens me font plus de pitié qu'ils ne me donnent de colere. Oüy, sincerement je voy avec un sentiment de compassion un homme qui a passé sa vie à étudier, sans avoir profité. Si dans une republique on faisoit choix de ceux qui ont l'esprit propre pour les Sciences, & qu'on obligeast les autres à s'appliquer à autre chose suivant la disposition de leur esprit & de leur corps; au lieu de quantité de gens à qui les Livres gastent l'esprit, nous aurions un grand nombre d'habiles ouvriers ou de bons laboureurs.

Monsieur Galatheau cherche encore d'autres raisons dans la Sainte Ecriture pour monstrer que l'Empire sur les animaux fut encore conservé à l'homme aprés son peché : mais le plus serieux ou mesme le plus chagrin Philosophe, ne pourroit s'empescher d'en rire. Caïn, dit-il, estoit laboureur, Abel gardoit les brebis, quelle plus grande marque de domination! quelle plus grande extravagance de raisonner de la sorte? Quelle necessité y avoit-il qu'Abel gardast les brebis, s'il estoit le maistre de tous les animaux, il n'avoit qu'à deffendre aux loups de les manger, & à elles de s'égarer. Ces animaux eussent executé son commandement par droict de nature, sans qu'il eut esté contraint d'user de force ou d'adresse pour se faire obeïr. Que fût devenu Adam, poursuit-il, aprés son peché, s'il n'eust pas esté le maistre des tigres & des lions, estant sans retraite assurée & sans armes pour se deffendre. La Sainte Ecriture m'apprend qu'ils ne l'ont pas devoré, mais je sçay bien aussi qu'ils n'en ont pas esté empeschez par son Sceptre ny par sa Couronne. Car Adam aprés son peché n'avoit pas plus d'empire sur les lions & sur les tigres que Monsieur Galatheau en a maintenant: Cependant s'il estoit exposé sans armes à leur fureur, comme Adam l'eust pû estre s'il eust esté parmi eux, je ne pense pas qu'ils épargnassent sa Majesté: Je ne croy pas mesme qu'il voulust s'y fier avec les victorieuses preuves qu'il a de son titre de Roy, & de maistre des animaux.

Il me fait dire que les causes de P. 204
la domination sont la force & l'adresse, & conjecture que c'est dans le dessein de persuader qu'elles cō-viennent beaucoup mieux aux animaux qu'à l'homme. Je ne sçay d'où vient qu'il se mesle de vouloir deviner mes pensées, & qu'il ne comprend pas mes écrits. Je n'ay jamais eu le dessein de mettre l'homme au dessous des animaux, ny de le faire leur vassal. J'ay voulu faire remarquer la loy generale de la nature qui s'observe dans

tous les animaux. Le foible est soûmis au plus fort, si l'adresse du foible ne peut éviter la puissance du plus fort: C'est ainsi que quelques animaux ont domination sur les autres, si du moins cela se doit appeller domination. Quand des lions ou des tigres en fureur rencontrent un homme qui ne se prend point garde, ils le déchirent & le devorent. Si plusieurs hommes vont à dessein chercher un lion & luy tendre des embusches, ils peuvent par leur adresse le prendre ou le tuer, & ces actions des animaux de differentes especes les uns contre les autres, se rencontrent aussi dans ceux de mesme espece. Les chiens s'entremordent, les taureaux se heurtent, les hommes s'entretuent. Ce n'est pas là ce qu'on appelle avoir la domination ou l'empire. Tout ce que Monſieur Galatheau avance pour prouver l'empire de l'homme ſur les animaux, prouve l'empire de l'homme ſur l'homme meſme. Comme il peut faire par force que les plus foibles animaux, tels que ſont les brebis, ou les plus ſtupides quoyque plus forts, comme les bœufs, marchent où il veut les conduire. Comme il peut apprivoiſer un chien par carreſſes, dompter par adreſſe un cheval, enchaiſner par fineſſe un lion. Un homme peut de meſme en aſſujettir un autre plus foible ou plus ſtupide, apprivoiſer un plus farouche, & enchaiſner un furieux. Cependant on ne dit pas pour cela qu'un homme naiſſe maiſtre de l'autre, ny qu'il ait par le droit naturel empire ſur luy, Monſieur Galatheau ne ſçait pas enquoy conſiſte le titre de maiſtre ou de Roy. Un homme eſt cenſé Roy ou Seigneur des autres, quand ils luy obeïſſent à cauſe du reſpect qu'ils ont pour ſa perſonne, & pour le caractere de Roy qu'il a par l'élection des peuples, ou par le droit de ſa naiſſance, ſans qu'il ſoit toûjours obligé pour ſe faire obeïr, d'employer les chatimens ou les récompenſes. Si l'homme eſtoit maiſtre des animaux par un droit naturel, ils luy obeïroient de meſme. Et cette obeïſſance ſeroit d'autant plus exacte, qu'eſtant ordonnée de Dieu meſme aux animaux qui n'ont point de liberté pour reſiſter à ſes volontez, ils ne pourroient jamais en ſecoüer le joug.

Au contraire, par l'instinct de leur nature, ils seroient toûjours rangez à leur devoir. Ainsi l'homme pourroit avec assurance marcher nud parmi les lions & les tigres, comme parmi les dains & les moutons. Est-ce là ce que nous éprouvons? Les mouches, les puces, & les plus miserables insectes, perdent le respect pour la majesté de l'homme & le tourmentent. Il se croit pourtant malgré cela le maistre de l'Univers, & souverain Seigneur des bestes. Etrange aveuglement de ce presomptueux animal, qui dement ses yeux & tous ses sens pour conserver l'agréable idée de son empire chimerique.

Monsieur Galatheau pour mieux prouver son opinion de l'excellence de l'homme, & de son empire ſur tous les corps de l Univers, dit qu'il peut chercher le frais quand il a trop chaud, & la chaleur quand il a trop froid: Comme ſi les chiens & les chats ne faiſoient pas de meſme.

Depuis la page 24. juſqu'à la page 46. ce ſont des propoſitions hors du ſujet, contre Charon Montagne, & l'auteur des ſatyres de ce temps, dont il condamne rigoureuſement la ſatyre faite contre l'orgueil de l'homme, aſſurant qu'il auroit bien mieux fait d'employer ſes rimes à ſa loüange, & pour luy enſeigner comme il falloit faire ſon panegyrique, il prend deux de ces rimes, & en fait ces deux Vers.

L'Honneur de dominer nâquit avec l'homme,

Et le mesme destin fait le bon-
heur de Rome.

Il dit que ces deux Vers viennent fort bien à la question qu'il traite. Cependant il ne s'agist pas entre nous, ny du destin, ny du bon-heur de Rome. Mais pour ne s'arrester pas-là : y a-t'il chanson du Pont-neuf si mal faite, & où il y ait si peu de sens? N'ay-je pas eu raison de dire qu'il m'a fourni des couleurs pour le peindre, puisqu'il ne s'est pas contenté de faire voir qu'il estoit ignorant dans l'Histoire, peu sçavant en Logique, méchant Theologien, & méchant Philosophe : mais qu'il s'est encore voulu montrer un tres-miserable Poëte.

Je ne sçay pourquoy Monsieur Galatheau m'impose, p. 46. d'avoir appellé la nature aveugle & impitoyable, puiſque c'eſt une conſequence que je tire de l'opinion commune qui en fait un fantôme. Je n'ay point dit non plus, comme il avance fauſſement, que ce fuſt une temerité de vouloir penetrer les ſecrets de la nature, mais bien les ſecrets du ſouverain Eſtre; c'eſt à-dire, ſes deſſeins, comme ce qui precede, & ce qui ſuit l'explique. S'il prend ainſi le contre-ſens de toutes choſes, il fera bien mieux de ne lire jamais.

Il blaſme la comparaiſon que j'ay faite pour expliquer l'opinion d'Epicure, des dés roules ſur une table, avec les particules de la ſemence miſes en mouvement. Parce que, dit-il, les particules de la ſemence de l'homme font neceſſairement un homme, & les dés ne ſont pas neceſſairement un nombre déterminé, mais indifferemment tous ceux qui ſont depuis trois juſqu'à dix-huit. S'il pouvoit concevoir que lorſqu'on dit faire un homme ſans ſpecifier un *Individu*, on laiſſe incomparablement plus de diverſitez dans l'évenement de la production qui procede de la ſemence, qu'il n'y en a entre les nombres qui peuvent reſulter du mouvement des dés, il trouveroit ſans doute la comparaiſon fort exacte: Car comme les dés ne ſont pas déterminés à faire un tel nombre, & que cela dépend du mouvement qu'on leur donne, & des corps qu'ils rencontrent qui les font aſſeoir ſur un coſté plûtoſt que ſur l'autre. Ainſi les particules de la ſemence ne ſont pas déterminées à produire un tel homme. Comme un nombre doit resulter du mouvement des dés; de mesme un homme doit naistre de l'arangement des particules de la semence. Et comme il n'y a que quelqu'un des nombres qui sont depuis trois jusqu'à dix-huit qui puisse proceder du mouvement des dés; ainsi il n'y a que quelque homme qui puisse naistre du mouvement des particules de la semence humaine. De façon que la comparaison que j'ay apportée éclaircist parfaitement l'opinion d'Epicure, dont je parle en cet endroit de mon Livre.

Monsieur Galatheau page 48. tombe dans une erreur ordinaire à ceux contre qui j'ay écri. Il m'attribuë ce que je dy en expliquant l'opinion d'Epicure, comme si c'estoit mon sentiment, ainsi il assure hardiment que je n'admets point de fin. S'il veut apprendre le contraire, qu'il lise mieux mes discours Anatomiques & mes reflexions; & je prie ceux qui trouveront dans son Livre ou dans tous ceux qu'on pourroit faire contre moy, quelque sentiment qu'on m'attribuë opposé à la Religion, de chercher dans les miens si je parle en cet endroit, ou si j'explique l'opinion d'un autre; car non seulement je n'ay rien avancé, & n'avanceray jamais rien qui soit formellement contraire à la Religion, mais je suis mesme assuré qu'on ne pourra en tirer aucune consequence qui luy soit opposée.

Il pretend page 52. que les parties ne trouvent point leurs usa-

ges, comme j'ay dit, par la dispo-sition qu'elles ont pour cet usage plûtost que pour un autre, qu'au-contraire elles sont destinées à cet usage comme à leur fin ; parce qu'un veau, dit-il, ou un agneau, avant que d'avoir des cornes me-nacent & font les mesmes efforts que lorsqu'ils en ont effective-ment. Or cela prouve tout le contraire de ce qu'il veut démon-trer ; car si un veau fait effort pour heurter avant que d'avoir des cornes, & un oiseau pour vo-ler avant que d'avoir des plumes ; il faut croire que cela vient de la disposition de leurs parties ; c'est-à-dire, que les nerfs qui portent les esprits dans lès muscles qui font remuer la teste du veau, ou l'aisle de l'oiseau, sont tellement disposez que l'ame de ces animaux

maux frapée de certains objets, & agitée de certaines passions de la maniere que j'ay dit en expliquant les fonctions de l'ame, doit necessairement y couler & mouvoir par le moyen des muscles les parties que ces animaux remuent dans ces passions, & si cela n'arrivoit par la disposition des parties, & que ce fust pour la fin qu'on pretend, l'oiseau ne devroit point remuer ses aisles avant que d'avoir des plumes; car pour lors il s'efforce inutilement de voler. Ce qui trompe Monsieur Galatheau, est qu'il ne comprend pas ce qu'il faut entendre par la disposition des parties, & qu'il pense que pour heurter il suffit d'avoir des cornes, & des plumes pour voler. Il y a quelque chose de plus caché, il faut une diſpoſition des nerfs & des muſcles qui ſont les principaux organes de ces mouvemens. Il dit enſuite pour confirmer ſon opinion, que quoy que les ſinges ayent les muſcles du larinx diſpoſez comme l'homme, ils ne parlent pourtant point, parce qu'ils n'ont pas d'ame raiſonnable, & dans la page ſuivante, il demeure d'accord que quelques oiſeaux parlent. Que monſieur Galatheau s'accorde avec luy-meſme & penſe mieux à ce qu'il écrit. Si les oiſeaux peuvent parler ſans ame raiſonnable ; ce n'eſt donc pas faute d'en avoir que le ſinge ne parle point. Et ainſi cela vient neceſſairement de la diſpoſition des organes, que juſqu'ici je n'ay point examinée dans le ſinge, & quoy que peut-eſtre, comme il dit, les muſcles du larinx ſoient diſpoſez dans le ſinge comme dans l'homme ; cela ne ſuffit pas pour articuler des voix à la maniere des hommes, mais ſeulement à la maniere des ſinges, qui s'entendent vrai-ſemblablement les uns les autres comme font tous les animaux qui forment des voix.

Depuis la page 54. juſqu'à la page 68. Ce ſont propoſitions entaſſées ſans ordre, qui ne ſervent de rien au ſujet dont il s'agiſt ; car Monſieur Galatheau conclut toûjours ſans prouver que les parties ſont deſtinées à leur uſage comme à leur fin. Depuis la page 68. juſqu'à la page 73. ce ſont des raiſonnemens qui feroient rire le plus ſerieux homme du monde s'il les entendoit. On ne peut pas avancer, dit-il, que la violence que les animaux exercent contre l'homme vienne d'une resolution ferme & constante de disputer avec luy l'empire & la domination. En verité je pense, il a raison pour cette fois : mais aussi quand l'homme fait la chasse aux bestes, ce n'est pas je croi pour disputer avec elles l'empire & la domination. S'il y avoit entre les hommes un Heros de cette humeur qui s'armast de pied en cape, & courust de forests en forests, de déserts en déserts pour assaillir les lions & les tigres, & disputer avec eux d'une resolution ferme & constante l'empire & la domination, ce seroit un Chevalier errant mille fois plus extraordinaire que l'incomparable Domquixote, de Michel de

Cervantes. Comme les hommes pour leur plaisir ou pour leur utilité massacrent les bestes. Celles-ci de mesme poussez de leur faim ou de leur fureur devorent les hommes. Pour le raisonnement que fait Monsieur Galatheau page 74. Je le renvoye à la Philosophie de l'Ecole. J'avouë que Dieu ne pouvoit pas communiquer à l homme toutes les perfections qu'il est capable de produire ; car il y en a d'incompatibles, mais je ne pense pas qu'il ne pust luy en donner beaucoup qui luy manquent, autrement le bras de sa toute-puissance seroit bien racourci. La comparaison qu'il fait d'une source avec Dieu, & d'un homme avec un bassin qui ne peut recevoir qu'une certaine quantité d'eau, quoy que la source ſoit intariſſable, eſt tres-impertinente ; car la ſource ne peut donner au baſſin davantage d'eau parce qu'elle ne peut l'agrandir, mais Dieu qui pouvoit agrandir l'homme pouvoit luy donner beaucoup plus de perfections que celles qu'il a : Je ne m'arreſte point à un épouventable contreſens qui eſt page 77. où il m'attribue un ſentiment que je ſuppoſe vrai, quoy que ſelon moy il ſoit faux, afin de détruire les ſentimens de Monſieur Creſſé par ſes propres principes.

Pour achever donc l'examen de ſa diſſertation, il faut voir les raiſons qu'il apporte ſur la fin pour montrer que l'homme n'a pû avoir des aîles comme les oiſeaux, & que ce ne ſeroit pas un avantage pour luy d'en avoir.

Mais auparavant, je ne puis m'empeſcher de dire que c'eſt une étrange temerité à Monſieur Galatheau d'avancer une propoſition ſi injurieuſe à la Toute-puiſſance de Dieu. On eſt toûjours demeuré d'accord que les choſes qui n'enferment point de contradiction eſtoient poſſibles, & que par conſequent Dieu pouvoit les produire. Or il n'y a pas de contradiction dans l'idée qu'on ſe forme, de l'homme avec des aîles. Ce qui me ſurprend davantage, eſt que les raiſons qu'il aporte ſont ſi ridicules, qu'on ne peut les lire ſans admirer comment elles ont pû tomber dans l'eſprit d'un Docteur. Il eſt aſſuré, dit-il, qu'il y a beaucoup plus de ceux qui n'ont point envie de voler que des autres. Il faut qu'il ait bien conté pour avoir tant de certitude. Je ne ſuis pas ſi aſſuré du contraire : Cependant je conjecture qu'il n'y a perſonne de bon ſens qui ne fuſt bien aiſe de pouvoir voler, puiſque ce ſeroit un tres-grand avantage, comme je l'ay prouvé dans mon ſecond diſcours Anatomique. Cependant un homme raiſonnable ne le ſouhaite pas, parce qu'il ſçait bien que Dieu n'écoutera pas ſes ſouhaits ſur ce point.

Il donne deux plaiſantes raiſons morales pour prouver que les aîles ne ſeroient pas avantageuſes à l'homme. Les crimes, dit-il, en premier lieu, ſe commettroient impunément, & il n'y auroit plus de Juſtice. Car quel moyen de prendre les criminels qui pourroient s'envoler. Je m'étonne qu'il ne trouve à redire que l'homme ait des pieds pour oſter aux coupables tout moyen de fuïr & de ſe dérober aux ſuplices qu'ils meritent.

La ſeconde raiſon eſt encore plus ridicule, ſi les femmes, dit-il, avoient des aîles, il n'y auroit pas moyen de les arreſter ſous les liens d'une ſocieté conjugale. Les Eſpagnols & les Italiens naturellement jaloux ne ſeroient pas en ſeureté ſi leurs femmes pouvoient voler. Voilà en effet un étrange inconvenient. Cependant comme les jaloux ont de l'eſprit pour ſe tourmenter & pour tourmenter les autres, ils auroient pû, je penſe, pour les retenir, leur arracher les plumes des aîles, ou les enfermer dans une cage, & ne laiſſer aux curieux que la liberté de les sifler. Comme Monsieur Galatheau sçait fort bien que les filles peuvent sans aîles s'échaper des mains de leur pere, & les femmes se dérober à leurs maris. S'il en estoit crû, je pense, on leur couperoit les jambes. Pour moy qui ne connoy point la jalousie, je voudrois qu'avec leurs pieds elles eussent encore des aîles, afin que l'amour seule pust les assujettir.

Aprés ces sçavantes raisons morales, il avoüe qu'il a peine à s'imaginer comment une femme pourroit voler avec ses cheveux, son visage, son sein, la delicatesse de sa peau. Je m'étonne qu'il n'ajoûtoit avec ses coiffes & ses jupes. Je ne connoy pas non plus qu'une femme ou un homme en l'état qu'ils sont pussent voler.

Mais je comprens ſans peine que Dieu pouvoit donner à leur corps une ſtructure agreable avec des aîles propres pour voler. Cela tient, adjoûte t-il, de la fable des ſorcieres qui vont au ſabat de donner des aîles aux femmes. Eſt-il poſſible que Monſieur Galatheau du caractere d'eſprit, dont il eſt, croye que les ſorcieres & le ſabat ſoient une fable. Je penſois qu'il avoit des raiſons demonſtratives pour prouver qu'il y a des moines bourus & des loups garous. Monſieur Galatheau continue ſon raiſonnement d'une maniere qui fait aſſez voir qu'il n'a jamais conceu ma penſée. S'il falloit, dit-il, que l'homme euſt des aîles, c'euſt eſté lorſque Dieu le forma de ſa propre main à ſon image & ſemblance, de ſorte que Dieu ne luy en ayant point donné, il faut croire qu'elles ne luy eſtoient pas neceſſaires. Je n'ay jamais avancé que l'homme d'euſt avoir des aîles. J'ay dit ſeulement que Dieu pouvoit luy en donner, & luy procurer l'avantage de voler, afin de faire voir qu'il n'avoit pas toutes les perfections qui ſe rencontrent dans les autres animaux, & qu'il n'eſt pas un ouvrage ſi accompli qu'on n'y puiſſe rien adjoûter.

Il aporte un raiſonnement de Cardan, qui dit que l'homme étant chaud & humide ne pouvoit avoir des aîles & des plumes, qui proviennent d'un temperament chaud & ſec. Ce ſeroit ici un poinct de longue diſcuſſion, ſi je voulois montrer l'erreur de la plusſpart des Medecins ſur ce qu'ils appellent temperament, & faire voir comme je pourrois aiſément, qu'ils ne ſçavent ce qu'ils veulent dire. Mais ſans ſortir de mon ſujet, je me contente de refuter ce que Monſieur Galatheau avance par des faits conſtans parmi eux. Les macreuſes ont des plumes & des aîles. Leur temperament n'eſt pas pourtant chaud & ſec. Les lions ont un temperament chaud & ſec, ils n'ont pourtant ny aîles ny plumes.

Le reſte des raiſons Phyſiques de Monſieur Galatheau, roule ſur l'impoſſibilité qu'il trouve à accommoder les aîles avec la ſtructure de l'homme : j'y ay déja répondu ; il ne faut pas qu'il meſure la Toute-puiſſance de Dieu avec la foiblesse de son imagination. Dieu est le maistre absolu de la matiere, & peut par consequent en disposer comme il veut. Il me seroit facile de répondre aux pretendus obstacles qu'il apporte, & de décrire la structure que l'homme eust pû avoir avec des aîles sans perdre aucun des avantages qu'il a. Mais ce seroit une chose fort inutile, puisqu'il n'y a point d'ouvrier qui pust travailler sur cette idée, il n'y a que Dieu seul qui pust le faire, & il ne suit pas le caprice des hommes. Nous devons laisser ces Ouvrages comme il les a faits, parce qu'il a voulu les faire de la sorte, & qu'il en est le maistre.

Tous ces Messieurs qui ont trouvé mes propositions étranges, n'ont jamais compris ma pensée, parce qu'ils n'étudient que les Livres qui les préoccupent, ſans obſerver la nature qui pourroit les deſabuſer. Quand j'ay dit que l'homme n'avoit point d'aîles, je n'ay pas eu deſſein de m'embaraſſer dans les queſtions qu'ils font naiſtre, ny d'examiner s'il a dû en avoir ou non, & comment ces aîles euſſent pû s'accommoder avec la ſtructure de ſon corps, cela ne ſert de rien au ſujet que j'ay traité : Il ſuffit que cet avantage luy manque, pour prouver comme j'ay fait, qu'il ne ſurpaſſe pas les animaux en toutes choſes, & qu'il n'eſt pas un ouvrage ſi accompli qu'il ne puiſſe rien deſirer. Quand il ſeroit vray, comme ils penſent, qu'il y auroit de l'impoſſibilité à former l'homme en telle ſorte qu'il puſt voler, cela n'infirmeroit pas mon opinion. Il feroit encore plus défectueux qu'il n'eſt & que je ne l'ay voulu décrire ; puiſqu'il enfermeroit dans ſon eſſence une incompatibilité avec une tres-grande perfection. Cela ſuffiroit pour faire voir qu'il a trop de preſomption de ſe croire le maiſtre de l'Univers, & le Roy des animaux, & de penſer qu'ils n'ont aucun avantage ſur luy. Nous ne voyons point d'eſtres ſi accomplis qu'ils ſurpaſſent les autres en toutes choſes. Leurs rangs de Nobleſſe ne ſont point tellement diſtinguez qu'on puiſſe les mettre par ordre. Les uns ont des perfections que les autres n'ont pas, & ceux qui n'ont pas ces perfections en ont d'autres qui les égalent ou les ſurpaſſent.

Les animaux ont la vie & le sentiment, qui ne sont point dans les astres & dans les metaux. Les astres & les metaux durent longtemps, sans ressentir les incommoditez ou les animaux sont sujets. Les cerfs courent plus viste que les elephans, ceux-cy ont plus de force. Les poissons nagent, les oiseaux volent. L'homme a une raison fort étenduë, mais douteuse. Celle des animaux est plus bornée, mais plus certaine. Il s'occupe à plus de choses qu'eux, il a plus d'inquietude. Ainsi les perfections & les défauts sont dispersez dans les differens estres qui composent l'Univers. Il n'y a que Dieu qui contient en soy-mesme toutes les perfections sans mélange d'aucun défaut.

Le dernier embaras de Monsieur Galatheau, est de sçavoir sous qu'elle espece il faudroit reduire l'homme s'il avoit des aîles, & qu'il fust ûn oiseau. Il ne faudroit le reduire sous aucune espece. Il seroit luy-mesme une espece particuliere differente de toutes celles que nous voyons.

Me voilà enfin au bout de la plus grande fatigue que j'aye jamais euë en écrivant, car j'aimerois mieux composer un Livre sur une matiere agreable, que de répondre à un Ouvrage semblable à la Dissertation de Monsieur Galatheau. Il dit qu'il n'a point eu dessein de me fâcher en écrivant, mais de satisfaire Monsieur Vaslet son ami. Il a bien de la complaisance de s'exposer ainsi pour ses amis, & Monsieur Vaslet ſon ami a beaucoup de dureté ou peu de diſcernement de luy laiſſer imprimer un tel Livre. Comme il n'a point eu deſſein de me faſcher en écrivant contre moy. Je n'ay pas eu intention de le mettre en colere en luy répondant, & comme il m'a fâché ſans deſſein en m'obligeant de luy répondre à un Ouvrage ſans raiſonnement, ſans liaiſon, & ſans ſuite ; Je le mettray peut-eſtre en colere malgré-moy, en luy faiſant voir les erreurs où il eſt tombé. Il a voulu paroiſtre univerſellement ſçavant dans l'Hiſtoire, dans l'Ecriture-Sainte, en Theologie, en Logique, en Phyſique, en Medecine, en Poëſie, & aſſurément il ne ſçait rien de toutes ces choſes, comme tout le monde pourra l'obſerver dans ma réponse. C'est pourquoy s'il écrit encore contre moy, loin de luy répondre, je ne veux pas seulement perdre mon temps à lire ses écrits. Je ne dy point cela pour luy seul, mais pour tous ceux qui ont le mesme caractere d'esprit. S'il trouve que je le traite trop rigoureusement, qu'il s'accuse luy-mesme, il devoit mesurer ses forces avant que de m'attaquer.

ADDITION CURIEUSE.

APRES avoir ſi bien étably mon opinion, touchant la maniere de raiſonner de l'uſage des parties qui compoſent l'homme, & avoir ſi ſolidement répondu aux objections que d'abord on m'a faites; J'avois lieu d'eſperer qu'on la ſuivroit en Phyſique, ou que du moins on ne tâcheroit plus de jetter dans l'eſprit des foibles, des ſoubçons contre moy faux & injurieux. Cependant pluſieurs de mes amis m'aver.irent il y a quelque temps, que dans la Preface d'un des Livres intitulés Essays de Physique, on me marquoit avec de méchantes couleurs, & que la calomnie estoit dautant plus dangereuse, qu'elle y estoit assez finement répanduë. J'avois peine à croire ce qu'ils s'efforçoient de me persuader, parce que je n'ay jamais rien eu à démesler avec le principal Auteur de ces Livres, & que jugeant comme je fais favorablement de tout le monde, je ne pouvois penser qu'il voulust me nuire. Il est vray que l'Anatomiste dont il a emprunté la main dans ses besoins, n'a pas de bonne volonté pour moy, & s'il sçavoit écrire ou qu'il n'aprehendast pas ma plume, il auroit il y a long-temps, combatu quelques-unes de mes opinions qui détruisent les siennes. Il a pû dans l'impuissance où il se trouve de se vanger luy-mesme, demander pour la recompense de son travail, le secours de celuy à qui il a rendu service, mais je ne croy pas que l'Auteur des Essais de Physique ait eu cette complaisance pour sa passion, ou s'il l'avoit euë, il auroit pris le party des honnestes gens, qui font une bonne guerre, sans suivre celuy des scelerats qui n'attaquent leurs ennemis que par des manieres criminelles. Ainsi je ne pouvois pas m'imaginer qu'il eust voulu me calomnier, & tâcher de me rendre odieux pour quelque sujet que se pust estre. Je lû pourtant cette Preface à la persuasion de mes amis, & je leur fis connoiſtre qu'ils s'eſtoient abuſez ſur de foibles conjectures. Il n'y a rien qui me ſoit commun avec les Philoſophes dont cet Auteur fait une peinture deſavantageuſe, que le mépris que je fais des ſciences dont l'eſprit humain eſt capable, & ce mépris eſt ſi juſte qu'il ne le condamneroit pas s'il y faiſoit un peu plus de reflexion. Il n'y a qu'à lire ſes Ouvrages pour en eſtre entierement convaincu. Il a naturellement l'eſprit penetrant, il s'eſt donné beaucoup de peine, il eſt de l'Academie des Sciences, qui eſt une ſource dans laquelle il faut puiſer pour eſtre ſçavant, & malgré tout cela il me ſemble qu'il y a dans ſes Livres beaucoup plus à reprendre qu'à admirer. Si j'entreprenois de faire un un recueil de tout ce qu'on peut y trouver à redire, il faudroit du moins faire autant de volumes que luy. Je n'ay pas tant de temps à perdre, je me contenteray de rapporter trois des reflexions que j'ay faites en parcourant ses Essays de Physique, afin de justifier le peu d'estime que j'ay pour les sciences des hommes, qui sont ou courtes & tres-bornées, ou de pures chimeres que leur imagination se forme.

La premiere reflexion est sur le titre du second tome intitulé du bruit. J'avouë que d'abord je ne pû pas comprendre par ce mot, la matiere dont traittoit le Livre, parce que le mot de bruit signifie tous les differens sons, qui ne sont ny harmonieux ny articulez, & qui pour l'ordinaire

blessent plûtost l'oreille que de la fraper agréablement, tels sont le bruit du tonnere, le bruit d'un carosse qui roule, le bruit d'une porte qu'on ferme ou qu'on ouvre, & plusieurs autres sembla-
bles. Or je ne voyois pas qu'on pust dire tant de belles choses sur cette matiere, qu'il y eust lieu d'en faire un si gros volu-
me : Cela m'obligea de jetter les yeux sur la Preface, qui redou-
bla ma surprise au lieu de la di-
minuer. Il y a en effet lieu de s'estonner qu'un Auteur particu-
lier apporte des mots nouveaux, dans un art ou dans une science lorsqu'il y en a qui sont receus de tout temps, & dont la signi-
fication est si bien établie, que lorsque quelqu'un les prononce, ceux qui l'écoutent conçoivent

aussi-tost la chose qu'ils signifient, tel est le mot de son en Physique pour exprimer en general l'objet de l'oüie, ou la qualité qui fait impression sur elle. De tous les Philosophes qui ont écrit en nôtre langue il n'y en a pas un qui ait fait difficulté de se servir de ce mot, ou qui ait songé à en introduire un autre, ainsi l'Auteur des Essays de Physique pouvoit s'en servir sans scrupule. D'autant plus qu'il n'y a pas grande gloire à changer un mot, & que par la on ne se distingue pas du commun d'une maniere fort considerable, il assure que ces sortes de distinctions d'un mot d'avec un autre sont necessaires pour le détail des choses à quoy il s'engage ; il faudroit l'en croire sur sa parole, puisque dans tout son traité cette necessité ne se reconnoist pas, & la raison qu'il a apportée pour se servir du mot de bruit, plûtost que de celuy de son, seroit sifflée par des écoliers de Logique. La voicy : Tout son est bruit, & tout bruit n'est pas son. On ne dit pas proprement le son d'un canon, d'un carosse, ny d'un moulin, voyons si par la mesme disposition de termes, nous ne prouverons pas que le mot de son est generique. Tout bruit est son & tout son n'est pas bruit, car on ne dit pas proprement le bruit de la voix, le bruit d'un lut, le bruit d'une cloche, lunibruit, &c. & ainsi le raisonnement seroit égal par la disposition des termes. Mais la consequence ne seroit pas également bonne à raison de la matiere, car il eſt faux que tout ſon ſoit bruit en quelque langage que ce ſoit, puiſque dans le commun ny dans celuy d'aucune ſcience, on ne ſçauroit dire que le ſon de la voix, d'un luth, d'une cloche, ſoient un bruit. Au contraire, quoy qu'il ſoit vray que dans le langage vulgaire, on ne die pas le ſon du tonnerre, d'un caroſſe, &c. il eſt certain qu'en l'engage Philoſophique, ſi l'on demande à quel genre ſe rapporte le bruit d'un caroſſe, d'une porte, &c. on répondra fort à propos que c'eſt à un genre de qualité que l'on appelle ſon; à peu prés de meſme maniere qu'en langage vulgaire, on ne dira pas qu'un homme eſt un animal, ſi on ne veut luy faire injure; mais en Philoſophie on peut le dire. Ce qui doit en deux mots décider la queſtion, eſt un uſage receu fondé ſur l'éthimologie du mot de ſon, dérivé du Latin, *ſonus*, qui eſt le mot generique, ſous, qui ſont compriſes diverſes eſpeces de ſon, à qui les Latins ont donné differens noms. C'eſt trop s'arreſter ſur un mot, paſſons maintenant à la ſeconde reflexion, qui ſera beaucoup plus utile.

Aprés avoir parcouru divers traités qui ſe rencontrent dans les trois tomes des Eſſays de Phyſique, je n'ay pû comprendre comment un Autheur qui veut paroiſtre avoir beaucoup étudié les mots, qui s'attribuë la licence d'en introduire quelque nouveaux, & de changer la ſignification de quelques autres, a donné un nom si peu convenable à tout son ouvrage. Il intitule ses Livres Essays de Physique, & la maniere dont il raisonne n'a aucun rapport avec celle dont on doit raisonner en Physique, puisqu'il ne prouve point les principes dont il se sert, & que ce ne sont que des suppositions ou fictions toutes pures, qui devoient plûtost luy faire appeller ses Livres Romans de Physique. Mais quand mesme il leur auroit donné ce nom, ils ne meriteroient pas ce me semble un grand applaudissement. Pour faire un Roman passable en ce genre, il faudroit avec un petit nombre de fictions, ou de suppositions qu'on ne prouve point, expliquer une tres-grande quantité d'effets, & montrer qu'ils suivent tous necessairement des principes qu'on a supposés, cette justesse feroit loüer l'imagination de l'Auteur, il en va tout au contraire dans les Livres dont il s'agist, où l'on fait un tres-grand nombre de suppositions pour expliquer un effet seulement; c'est ce qui saute aux yeux de tous ceux qui les lisent, & qui les dégoûte d'achever cette lecture. Quand l'Auteur dit pour expliquer un effet qu'il veut faire, quatre ou six suppositions, il ne faut pas le croire sur sa parole. Dans chaque supposition, si on l'examine on en trouvera dix oú douze, je vais en rapporter une des plus courtes pour prouver ce que j'avance, & y faire remarquer les diverses suppositions qui s'y trouvent.

C'eſt dans le premier tome ou pour expliquer le reſſort, on fait quatre ſuppoſitions dont en voicy une.

La ſeconde hypotheſe eſt que l'air voiſin de la terre, & dont nous avons l'uſage & la connoiſſance, eſt compoſé [1] de trois parties mêlées enſemble, dont j'appelle l'une la partie groſſiere, l'autre la partie ſubtile, & la troiſiéme la partie etherée.

[2] La partie groſſiere eſt un amas de petits corps mediocrement ſubtils, [3] mediocrement peſans, & [4] capables d'une grande compreſſion. [5] La partie ſubtile eſt un amas de corpuſcules, beaucoup plus ſubtils & plus peſants que ceux qui compoſent la partie groſſiere; [7] mais qui ſont tout à-fait incapables de compreſſion.

[8] La partie étherée est encore incomparablement plus subtile que les deux autres, [9] mais elle n'a point de pesanteur, [10] estant elle-mesme la cause de la pesanteur.

Voilà dix suppositions bien contées, c'est à peu prés de mesme dans toutes les autres. & quand l'Auteur tâche d insinuer ses suppositions, il se sert ou de suppositions nouvelles, ou de comparaisons qui ne sont point justes, & qui quand elles le seroient ne prouveroient rien d'elles-mesme. C est ce que tout le monde pourra observer en y faisant un peu de reflexion.

Ce qui déplaist encore dans ces Livres, est que les suppositions ou fictions loin d'estre vraysemblables comme dans les Romans communs, & les belles fictions poétiques, pour la pluspart choquent d'abord l'esprit & le rebutent; car enfin qui n'auroit un effroyable dégoust en lisant dans la supposition que j'ay raportée, qu'il y a dans l'air des corps plus subtils & plus pesans que les autres. Cela ne renverse-t'il pas toutes les notions, non seulement naturelles mais aussi acquises par l'étude ? L'experience ne nous fait elle pas connoistre que les corps les plus subtils s'éloignent du centre de la terre, & que les plus grossiers s'en approchent, & qu'ainsi la subtilité & la legereté sont inseparables, comme aussi la grossiereté & la pesanteur.

Depuis qu'on s'est donné la liberté de feindre en Physique, nous avons eu un tres-grand nombre de Livres du caractere de ceux dont je parle, & qui gâtent l'esprit de ceux qui les lisent, ou du moins leur font perdre le temps. Chaque autheur qui a suivi cette methode a voulu regler la nature suivant ses imaginations; c'est ce qui nous a donné sur la fin de ce siecle tant de divers principes pour expliquer un mesme effet.

La pluspart de ceux qui escrivent font gloire d'inventer quelque chose, & comme il n'y a rien si aisé que de feindre, les autheurs de ce temps semblent s'être efforcés à l'envy à qui nous donneroit plus de chimeres. Cependant tous ces gens ne manquent pas d'approbateurs. On leur donne des eloges parce qu'ils cultivent le champ des sciences, mais en verité il vaudroit bien mieux qu'ils ne le cultivassent pas, que d'y planter des arbres qui ne raportent aucun fruit, & qui ne luy donnent aucun ornement; si l'on suivoit en escrivant les regles qu'on est obligé de suivre dans les sciences, on ne tomberoit pas dans des fautes si essentielles : je n'espere point guerir la fureur de ceux qui veulent faire des livres bien ou mal, mais je ne desespere pas aussi que ceux qui sont dociles ne profitent de ce que je vais dire de la maniere dont il faut raisonner en Physique.

Toutes les sciences ont des principes de connoissance que l'on doit supposer, ce sont des propositions generales & si évidentes en elles-mesmes, qu'on tascheroit inutilement de les prouver, & c'est une verité receuë qu'il ne faut point disputer contre celuy qui nie ces sortes de principes, parce qu'il est capable de nier toutes choses ; tels sont ces axiomes de Mathematique, le tout est plus grand que sa partie, si de choses égales on oste choses égales les restes sont égaux. Telles sont en Physique ces propositions, il y a dans le monde des corps & du mouvement, tout corps a de l'étenduë, &c.

Outre ces principes de connoissance il y a d'autres principes en Physique qu'on appelle principes de composition, parce qu'en effet ils doivent composer les corps dont ils sont les principes, & estre la source de toutes leurs proprietés. On peut assûrément nier ces sortes de principes quand ils ne sont que supposés ou mal établis, & celuy qui les propose est obligé de les prouver par de bonnes demonstrations. Or pour cela il faut montrer qu'ils sont dans la nature qu'ils composent en effet les corps, & que toutes les proprietés de ces corps en dépendent & en sont des suites, si l'on ne s'étoit point écarté de cette regle, nous ne verrions pas aujourd'huy tant de méchans livres de Physique. Ce n'est point l'authorité seule des anciens Philosophes qui l'ont suivie qui doit la faire recevoir, c'est la raison sur qui elle est fermement appuyée. On ne peut avoir de certitude en Physique sans estre convaincu que la cause dont on se ſert pour expliquer un effet eſt veritablement dans la nature, & qu'elle a avec cet effet une connexion neceſſaire, & il ne ſuffit pas de dire que ſupoſé que la cauſe fuſt, l'effet devroit ſuivre. Ainſi on a fait paſſer pour viſionnaires ceux qui pour expliquer le flux & reflux de la mer ont imaginé un animal qui reſpirant ſes eaux, tantoſt les attire & les éloigne du rivage, & tantoſt les rejette & les y repouſſe. On s'étonnera peut eſtre de cet exemple que j'ay choiſi entre beaucoup d'autres moins éloignés de la vray-ſemblance, je l'ay fait à deſſein, parce qu'entre nos modernes il y en a qui font des ſupoſitions plus ridicules & moins recevables, & on les verra dans la reflexion qui me reſte à faire apres celle-cy.

Afin donc de raiſonner en Phyſique d'une maniere juſte & conforme à celle des plus illuſtres & des plus éclairés Phyſiciens, il ne faut point ſupoſer les principes de compoſition des corps, & quelque belle & bien ſuivie que ſoit l'explication qu'on donne par ces principes ſupoſés, ce ne peut eſtre qu'une belle imagination ſans aucune certitude : Quand au contraire l'on eſt aſſuré que les principes que l'on propoſe ſont veritablement, & que par leur moyen on explique tous les effets, ou du moins qu'il n'y en a aucun qui faſſe douter de leur eſtre, on eſt aſſuré de leur bonté. Cette maniere eſt beaucoup plus difficile que celle que je blâme, parce qu'il eſt plus aiſé d'imaginer des principes ſans avoir égard à la nature, que de découvrir ceux qui y sont veritablement. Si l'on souhaite voir une pratique fort exacte de cette regle, il n'y a qu'à lire mes principes de Physique. On remarquera que je les découvre peu à peu, sans rien suposer que ce que les sens nous font connoistre, sçavoir que dans le monde il y a des corps & du mouvement. Je conclu de là qu'il y a un espace qui contient les corps & dans lequel ils se meuvent. Je compare le corps avec l'espace, en faisant voir par de bonnes raisons que le corps est une étenduë impenetrable, & l'espace une étenduë penetrable. Je montre en suite que cet espace n'est pas entierement occupé par les corps, d'autant qu'ils ne pourroient s'y mouvoir. Je prouve enfin que divisant les corps sensibles, c'est une necessité d'en trouver qui les composent qui soient insecables, que ces corpuscules ont diverses figures & divers mouvemens : On ne trouve en tout ce progrés aucune proposition qui ne soit, ou évidente en elle-mesme, ou prouvée par de bonnes raisons, ainsi menant l'esprit de connoissance en connoissance sans l'embarasser d'aucunes suppositions, je luy fais découvrir dans le monde de petits corps insecables de diverse figure, qui se meuvent dans l'espace qui les contient, & qui par leur union ou leur desunion produisent les corps sensibles ou les détruisent.

Pour ne rien laisser à desirer sur ce point, j'explique avec ces principes la fermentation & la vertu elaſtique de l'air, d'où dépendent un grand nombre de differens effets ; ainſi j'ay ſuivi moy-meſme la regle ou la maniere de raiſonner que je propoſe avant que de vouloir la perſuader aux autres ; tantpis pour les autheurs qui malgré mon avertiſſement tomberont encor dans cette faute, & pour les lecteurs qui perdront le temps à lire leurs ouvrages.

La derniere reflexion que je veux faire eſt ſur le plus étrange & le plus incroyable paradoxe qui puiſſe jamais tomber dans l'eſprit d'un homme. Celuy dont j'ay parlé dans la reflexion precedente touchant la cauſe du flux & reflux de la mer. Celuy d'Anaxgore, qui au rapport de Plutarque a crû que les aſtres étoient autant de pierres que le Ciel avoit enlevés de la terre par la rapidité de ſon mouvement, & enflâmées par ſa chaleur. Ces paradoxes, dis-je, & quantité d'autres qui nous ſurprennent terriblement, ne ſont pas ſi éloignés de la vray-ſemblance, ny ſi rebutans pour l'eſprit que celuy dont je vais parler. C'eſt touchant ce que l'autheur dit de l'ame dans le ſecond tome de ſes Eſſais ; il pretend qu'elle ne dépend point des organes corporels pour les fonctions des ſens interieurs. Qu'ainſi la ſtupidité ou le peu de connoiſſance des enfans ne vient pas du défaut des organes qui ne ſont pas encore en leur perfection, mais parce que toutes leurs penſées ſont occupées à la conduite des fonctions naturelles, & principalement de celles qui appartiennent aux ſens & au mouvement. Que par conſequent l'ame ne fait jamais d'actions où l'eſprit, le raiſonnement, la conduite & la ſageſſe ſoit ſi merveilleuſe, que dans les premiers mois de la vie; La conduite d'une armée & d'un Etat n'ayant rien de plus difficile que celle des fonctions d'un corps vivant, dont l'ame étudie toutes les cauſes en prenant connoiſſance des proprietés & des uſages d'une infinité de parties differentes, dont les machines qui y ſont propres ſont compoſées, & dont l'ame a bien toſt appris à ſe ſervir avec une adreſſe & une facilité que l'habitude & l'exercice luy fait acquerir,

Ce n'eſt pas auſſi à cauſe de l'alteration des organes, que dans l'ardeur d'une fiévre maligne on perd la memoire, on a l'imagination troublée & la raiſon pervertie ; mais parce que l'ame eſt tellement occupée à regir & à conduire la chaleur naturelle qui combat contre la maladie, qu'elle ne peut vaquer aux autres operations, & que les penſées expreſſes deſquelles dépend le raiſonnement qui eſt dépravé dans la maladie, n'agiſſent que tres-foiblement ſur les choſes de dehors. Quand l'autheur a écrit cecy & beaucoup d'autres opinions auſſi étranges, que je ne raporte pas de peur d'ennuier, & parce qu'on peut les lire dans ſes livres, je penſe en verité que ſon ame eſtoit entierement occupée à la conduite des fonctions naturelles, & qu'il n'avoit point de pensées expresses pour ce qu'il écrivoit. Serieusement je croy réver quand je le ly, & quoy que l'étude soit un de mes plus agreables divertissemens, quand par une bonne raison de politique on la défendroit, je ne m'en plaindrois pas puis qu'il y a incomparablement plus de ceux à qui elle gaste l'esprit, que de ceux à qui elle l'embellît. On peut tirer de l'opinion de cet autheur des consequences tres-pernicieuses & tout-à-fait opposées à la foy, puisqu'il s'ensuit necessairement que l'ame des bestes agist indépendemment des organes du corps, & peut en demeurer separée comme celle de l'homme. Je ne m'arresteray pourtant pas à cela,

cela, il n'y a pas je pense fait de reflexion. On peut luy apporter mille raisons plus claires que le jour, pour l'épouvanter luy-mesme de la déformité & de la laideur du monstre qu'il a produit en concevant cette opinion; cependant je ne veux pas le faire de crainte d'employer trop mal le temps.

Mais afin qu'on ne m'accuse pas aussi de blâmer simplement son opinion sans la refuter, je vais montrer en peu de mots qu'un chacun trouve en soy-mesme une raison demonstrative qui convainc de sa fausseté.

Si l'ame a esté si sage dés son entrée dans le corps, qu elle ait pû par son application en découvrir tous les ressorts & les appliquer à leurs usages, elle pourroit encore les connoiſtre dans un âge avancé ; cependant il eſt certain qu'elle les ignore, quelque effort qu'elle faſſe pour les découvrir, & qu'elle n'en a que de foibles conjectures. L'autheur qui a preveu cette objection répond, que l'ame dans les adultes eſt, à l'égard des fonctions naturelles qu'elle conduit toûjours, comme un homme qui parle une langue qu'il a appriſe par les regles, ſans ſe reſſouvenir de ces meſmes regles, ou comme celuy qui joüe d'un inſtrument de muſique ſans ſonger à ſa tablature, & meſme ſans ſe reſſouvenir de ce que c'eſt. Voila une docte réponſe, mais recevons-là comme bonne, & luy demandons d'où vient que comme un homme peut raprendre aiſément les regles d'une langue quand il les a oubliées, & un joüeur d'instrumens sa tablature: l'ame ne peut de mesme se rapliquer à connoistre des ressorts quelle manie, pour ainsi dire, tous les jours, & qu'elle fait agir continuellement. Il est certain qu'elle devroit en avoir la puissance en negligeant les choses du dehors, & donnant toutes ses pensées expresses à cette étude; de mesme que, suivant l'opinion de l'autheur, durant une fiévre maligne, elle peut quitter & quitte effectivement les soins du dehors, pour regir & conduire la chaleur naturelle qui combat contre la maladie: Or cela est évidemment faux comme l'experience le demonstre. C'est trop m'arrester sur cette matiere, & j'aurois regret à la perte de mon temps, si je n'esperois que ce que je viens d'écrire pourra empescher beaucoup de gens de perdre le leur dans la composion ou dans la lecture de méchans livres. L'autheur des Essais de Physique ne doit pas estre fâché des efforts que je faits pour le tirer de ses égaremens, & le remettre dans le bon chemin, au contraire il doit me sçavoir gré de ma moderation, s'il considere que ses livres donnent plus de lieu à une piquante satyre qu'à une critique moderée. Et s'il est vray qu'il ait eu dessein de me choquer dans sa Preface, il doit encore plus admirer ma retenuë, puisque j'avois un si beau çhamp pour décrier ſes opinions, de la meſme maniere & avec beaucoup plus de raiſon ; mais ces façons d'agir ſont éloignées de mon honneſteté, & indignes d'un Philoſophe.

LETTRE

Ecrite à Monsieur Lamy, Docteur en Medecine.

Par Monsieur Mery, Chirurgien de l'Hostel-Dieu de Paris.

ONSIEUR,

Je vous envoye la description de l'oreille de l'homme que vous m'avez demandée : Si j'avois pû vous la porter moy-mesme, je vous aurois representé, MONSIEUR, le danger que je cours, si vous la donnez au public, qui ne juge le plus souvent des choses que par prevention, ou par amour propre. Ce que j'ay remarqué dans l'oreille, & que je vous ay fait voir, lorsque vous m'avez fait l'honneur de me rendre visite, est si peu conforme à ce que j'ay lû dans les Livres, & à ce que j'ay veu par leurs figures, que je suis assuré que ceux qui font toute leur étude des sentimens des Anciens, & qui n'admirent que leurs ouvrages, ne pourront ajoûter foy à mes remarques : & ceux qui dans ce siecle-cy, se sont le plus curieusement appliquez à l'Anatomie, & qui se vantent que nulle partie du corps humain n'a échappé à leur connoissance, ne pourront pas croire qu'un simple Chirurgien de l'Hostel-Dieu de Paris, ait pû aller plus loin que leur découverte. Cependant si les uns & les autres aimoient comme vous la verité, je n'aurois rien à craindre de leur jugement ; car en se donnant la peine de me venir voir pour s'éclaircir sur ce sujet, je leur démonstrerois si distinctement toutes les parties de l'oreille que j'ay pû connoistre jusques-icy, qu'ils seroient forcez par leur propres yeux de tomber d'accord de la juste description que j'en ay fait, & de quitter leurs erreurs, dont il me seroit inutile de vous entretenir, puisqu'il vous est tres facile de les remarquer. Comme je n'aime pas à me faire de la peine, j'avois résolu de ne faire voir qu'à mes *meilleurs amis, les remarques que j'ay faites; mais n'ayant entrepris la description de l'oreille qu'à vostre sollicitation, je vous la donne comme une marque & une reconnoissance des obligations que je vous ay, vous en userez comme il vous plaira: Au reste,* MONSIEUR, *pour vous témoigner que je fais plus d'état de vôtre approbation, que je ne crains la censure de ceux qui pourront la critiquer; je vous assure que l'amour que j'ay naturellement pour la paix, ne m'empeschera pas de renoncer à sa tranquilité, quand il s'agira de vous rendre service, & de vous faire connoistre avec combien de respect je suis, &c.*

MERY, Chirurgien de l'Hostel-Dieu de Paris.

DESCRIPTION de l'oreille de l'homme.

JE divise l'oreille de l'homme en externe & interne : L'externe est bornée par la membrane qui couvre la premiere cavité de l'oreille interne, que l'on peut appeller la caisse du tambour : ce qui la forme principalement, est un cartilage couvert de la peau, tant en dehors qu'en dedans jusques à la membrane du tambour, & qui d'une large circonference diminuant peu à peu, forme un canal assez semblable à celuy de la trachée artere : car il n'est que cartilagineux en dessous & membraneux en dessus, & divisé par plusieurs interſections, dont la premiere eſt tournée en forme de viz de devant en arriere, dans laquelle ſe jette un nerf tres petit, qui part d'un nerf fort conſiderable, lequel aprés avoir pris naiſſance de la moëlle de l'épine, ſort par le trou que forment la ſeconde & troiſiéme vertebre du cou : un des rameaux de ce nerf s'unit au nerf auditif, aprés eſtre ſorti hors du crane : Les autres interſections ſont à peu prés de la meſme figure que celles de la trachée artere.

La partie la plus large de ce cartilage qui forme l'oreille externe, à dans ſa partie laterale poſterieure, à l'extremité de ſon bord, une petite déchirure ſemblable à une créte de coq; en devant & par bas il represente un petit entonnoir sans estre percé, dont la pointe est tournée du côté du trou externe de l'oreille.

Ce canal cartilagineux n'est pas immediatement uni à l'os, il y a une membrane qui l'attache au bord du trou, il va d'abord de bas en haut & de derriere en devant, puis de haut en bas jusques à la membrane du tambour : au derriere de ce cartilage il y a un muscle propre, qui dans l'homme s'attache à sa partie la plus convexe d'une part, & de l'autre il est joint à la partie posterieure de l'os petreux au dessus de l'apophise mastoïde; c'est par le moyen de ce muscle, que dans quelques personnes l'oreille externe est dilatée & tirée volontairement en arriere, ce qui ne pourroit se faire si le cartilage estoit immediatement attaché à l'os, & s'il n'estoit divisé comme je viens de dire par plusieurs intersections.

Il n'y a point de muscle propre pour tirer l'oreille en devant, elle y retourne facilement par l'effet du ressort du cartilage, quand le muscle qui l'a tirée en arriere cesse d'agir. Plusieurs Anatomistes luy donnent d'autres muscles qu'ils appellent communs, qui ne sont que des portions des aponeuroses du muscle peaucier, du frontal, & de l'occipital ; mais comme l'oreille n'est point tirée volontairement, ny en haut, ny en bas, ny en devant, il y a apparence qu'ils ne servent point à la mouvoir.

Je ne vous écris rien de la figure de l'oreille externe, chacun considerant celle de son compagnon, peut la voir : Je ne vous diray rien aussi des autres parties qui la composent, parce qu'elles ne servent point pour nous faire oüir.

Le reste de l'oreille externe qu'il est necessaire de connoistre, est le trou osseux, qui se trouve au bout du canal cartilagineux, & qui est terminé par la membrane du tambour, ce trou est de figure ovalaire: dans son commencement il va de bas en haut, puis descend proche la membrane du tambour, dans les hommes; mais dans les enfans il occupe le dessous de l'oreille: il est revestu de la peau mesme qui couvre tout le cartilage de l'oreille en dedans.

L'os petreux qui forme pas ses cavitées, les principales parties de l'oreille interne, qui servent à nous faire discerner les sons, est fait d'une seule piece dans l'homme, & dans les enfans il est composé de trois: la premiere qui est à l'entrée du tambour, fait presque un cercle parfait, qui dans sa partie interne à deux bords & une rainure au milieu, dans laquelle s'attache la membrane du tambour: ce qu'on peut voir facilement, car rien n'est plus sensible dans toute l'oreille, & je m'estonne qu'on ait pû s'y tromper. De ces deux bords, l'un est tourné du costé de l oreille interne, je veux dire de la quaisse du tambour, & l'autre du costé de l'externe: C'est ce bord externe qui fait en s'augmentant, la plus grande partie du trou exter-ne de l'oreille; de là vient que la rainure qui paroît aux enfans dans ce cercle, se trouve dans les hommes entierement effacée, & qu'il ne reste que le bord in-terne de ce cercle. La seconde partie qui occupe le dessus de l'os, se nomme écailleuse: & la troi-siéme qui est inferieure aux au-tres, s'appelle la roche, dans la-quelle je remarque cinq cavités, dont j'estime que la connoissan-ce est necessaire pour compren-dre la maniere dont se fait le son, & quel chemin tient le nerf au-ditif.

La premiere est le tambour: La seconde, est le labirinthe, qui est composé de trois sortes de cavités, je nomme la pre-miere la conque; la seconde la coquille; & à la troisiéme qui est faite de trois cercles creux, je laisse le nom de labirinthe: La troisiéme est un trou par lequel passe la partie dure du nerf auditif: La quatriéme, est une cavité qui reçoit la partie molle du mesme nerf: La cinquiéme est un trou auquel s'applique le canal cartilagineux & membraneux, qui se termine dans le fond de la bouche.

Pour faire une juste description de toutes ces cavités, aussi bien que des autres parties, j'observe la scituation que garde l'os petreux, à l'égard des autres os du crane, l'homme estant debout. Le tambour occupe la partie externe de la roche : La conque, la coquille, & le labirinthe, sont scituez dans la partie interne, dont la coquille occupe le devant, ayant à sa pointe le trou qui va à la bouche, & celuy par lequel passe l'artere carotide pour monter au cerveau, & à sa base la cavité qui reçoit la partie molle du nerf auditif, & le trou par lequel se traine la partie dure du mesme nerf: Le labirinthe est placé dans le derriere, & la conque au milieu, entre la coquille, le labirinthe, & le tambour.

Le tambour, qui est la premiere cavité, dans laquelle se remarquent des petites éminances & des enfonceures, qui communiquent dans les sinuosités de l'apophise mastoïde, peut estre divisé en deux cavités séparées l'une de l'autre, en quelque façon par les parties de l'enclume & du marteau qui s'articulent ensemble ; de ces deux cavitées, l'une est superieure posterieure, celle-cy est oblonque & recouverte de l'os mesme & l'autre est inferieure & plus en devant, celle là est ronde, les modernes l'appellent la caisse du tambour, & d'entre les anciens, les uns la nomment la conque, & les autres le bassin.

Cette cavité est bouchée par une membrane fort deliée & transparente, qu'on nomme la membrane du tambour ; elle est de la figure du trou externe de l'oreille, auquel elle s'attache : elle est renduë concave en sa surface externe, & convexe en dedans du tambour par le moyen d'un muscle, qui tirant le manche du marteau, auquel elle est aussi attachée, fait qu'elle s'enfonce dans la quaiſſe du tambour, qui eſt reveſtue d'une membrane tres-deliée, excepté autour & dans le trou ovalaire, où l'os ſe trouve à nud.

Dans la quaiſſe du tambour j'y remarque quatre petits os, quatre muſcles pour les mouvoir, & trois trous: Le premier des trous occupe la partie anterieure du fonds de la quaiſſe; à l'emboucheure de ce trou eſt attaché un canal, en partie cartilagineux, & en partie membraneux, qui finit à la partie poſterieure de l'aîle interne de l'apophyſe pterigoïde, où finit le trou du nez, c'eſt ce meſme canal que j'ay dit ſe terminer dans le fonds de la bouche; comme l'extremité de ce canal eſt tournée vers le trou du nez, une partie de l'air qui y paſſe, & va dans la poitrine, peut facilement entrer dans le tambour par ce canal qui y deſcend. Le ſecond, & le troiſiéme trou, ſont placez dans le milieu du fond de la quaiſſe, l'un au deſſus de l'autre; celuy de deſſous qui eſt rond, a un bord un peu élevé, au dela duquel il y a une membrane qui le bouche, & qui eſt deliée & tranſparente comme celle qui couvre la quaiſſe du tambour; ce trou fait la plus large extremité du canal poſterieur de la coquille: Le trou ſuperieur qui eſt ovalaire, eſt fermé par la baſe de l'étrier, ſans y eſtre attaché par aucune membrane qui le bouche, ce qui fait que le petit muſcle qui s'attache à la pointe de l'étrier, le tirant à côté, ouvre un peu le trou, & donne occasion à l'air de passer dans la conque qui est au delà.

Les petits os renfermez dans la quaisse du tambour, sont le marteau, l'enclume, l'étrier, & le quatriéme je le nomme lenticulaire, à cause de sa figure qui est ronde, platte, mais un peu convexe des deux côtez, celuy cy est beaucoup plus petit que les autres : ces quatre petits os ne sont point revêtus de perioste, comme le sont tous les autres os du corps humain.

Le marteau a deux parties, sa teste, & son manche ; le manche a deux petites apophises pointuës qui sont proche la teste, & un peu plus petites l'une que l'autre : cet os par la plus considerable de ses petites apophises, jusques à l'extremité de son manche, eſt attaché à la membrane du tambour, & par la plus petite, qui reçoit un muſcle, il eſt attaché à la quaiſſe du tambour. La teſte du marteau fait une apophiſe ronde, au derriere de laquelle il y a une cavité bordée de deux petites éminences.

Je remarque dans l'enclume, ſon corps, & deux apophiſes, l'une plus courte & plus groſſe l'une que l'autre, qui eſt plus petite, mais plus longue : L'extremité de ſon corps eſt terminée en derriere par une apophiſe ronde, au devant de laquelle il y a une double cavité, ſeparée par une petite éminence : ces deux os ſont articulez l'un avec l'autre par ginglime ; l'enclume recevant dans ces deux petites cavités, les deux petites éminances de la teſte du marteau, & la cavité du marteau recevant l'éminance qui diviſe les deux cavités du corps de l'enclume : La plus courte & plus groſſe apophiſe de l'enclume, eſt receuë dans une cavité qui eſt au derriere de la quaiſſe du tambour, partie ſuperieure, & y eſt attachée par une membrane tres-déliée. A l'extremité de la plus longue apophiſe de l'enclume, il y a une tres-petite cavité, dans laquelle une des faces du petit os lenticulaire, eſt attachée par un cartilage, qui fait la ſimphiſe de ces deux os ; & par l'autre face, il eſt receu dans la petite cavité, qui eſt à la pointe de l'êtrier, avec laquelle il eſt articulé par artrodie. Quelques autheurs ſe ſont imaginez que ce petit os manque

manque le plus ſouvent, ou qu'il fait partie de la plus longue apophiſe de l'enclume, quand il ſe rencontre : Ce qui me perſuade, au contraire, qu'il eſt veritablement un os, ſeparé & diſtingué des autres trois petits os de l'oreille qui ſont connus, & qu'il ne manque jamais, eſt que je l'ay toûjours trouvé, quand je l'ay cherché dans l'oreille d'un corps humain mort depuis peu, & que je n'ay manqué de le rencontrer; que lors que les parties molles de l'oreille ont eſté conſumées par la pourriture, ou rongées par les vers, ou qu'elles ont abandonné les os, apres une forte & longue ébulition.

Comme vous n'eſtimez pas, Monſieur, un homme ſçavant par des changemens de mots, &

que vous avez en haine la vanité; j'eſpere que les vieux termes de ginglime, & d'artrodie, que j'ay employés pour déterminer les articulations des petits os de l'oreille, ne vous déplairont pas, & que vous approuverez que je ne me ſois pas ſervy de ceux de charniere, & de genoüil, pour les expliquer. La raiſon qui m'a obligé à en uſer ainſi, eſt que ces ſortes d'inſtrumens n'ayant point de rapport avec les articulations du corps humain; je n'ay pas dû me ſervir des termes qui ne ſont point en uſage en Chirurgie, de crainte de n'eſtre pas entendu de ceux qui en font profeſſion, & que d'ailleurs il m'eſt tres-facile d'expliquer fort méchaniquement tous les divers mouvemens de ces os par leurs differentes figures, & les muſcles qui les entraînent. ſans emprunter chez les artiſans, des figures & des termes qui ſont inconnus en Medecine.

Le quatriéme os de l'oreille, eſt l'étrier, dans lequel je conſidere ſa baſe, ſa pointe, ſes parties lateralles, & la feneſtre ou le trou qui eſt au milieu. Sa baſe, du côté qu'elle eſt receuë dans le trou ovalaire, n'eſt pas exactement platte, mais un peu convexe, & du côté qu elle regarde ſa pointe en dedans, elle eſt cave, ſes parties laterales le ſont auſſi, de façon que tout le tour de la fenêtre, eſt concave en dedans & convexe en dehors, excepté la pointe à l'extremité de laquelle il y a une petite cavité, qui reçoit, comme je vous ay déja marqué, une des faces du petit os lenticulaire. La feneſtre qui eſt dans le milieu de l'êtrier, eſt bouchée par une membrane tres-deliée, qui s'attache autour de ſon trou, d'un côté ſeulement; de maniere que les petites foſſes qui ſe remarquent en dedans de l'êtrier, forment avec la membrane une cavité aſſez conſiderable pour la petiteſſe de l'os. Je n'ay point lû d'autheurs qui faſſent mention de cette membrane qui bouche l'êtrier; cependant il eſt facile de la rencontrer, quand on a l'adreſſe de couper le petit muſcle qui lie l'etrier, & de l'enlever, ſans paſſer un inſtrument dans ſon trou: ſi quelqu'un me la conteſte, je ſuis prêt de luy faire voir pour le convaincre.

A trois des petits os de l'oreille

s'attachent quatre muſcles, quoy que les autheurs ne leur en accordent qu'un. Le nombre de ces muſcles, avec l'articulation de ces petits os, me font croire qu'ils ont du mouvement. Ces quatre muſcles prennent leur origine de la circonference de la caiſſe du tambour. Le premier ſort de la partie poſterieure, & ſe diviſe en deux tendons, l'un plus court & plus delié, l'autre plus long & plus gros: Le plus court s'attache à la plus longue apophiſe de l'enclume: le plus long ſe jette entre la teſte & le manche du marteau, ſans paſſer plus avant. C'eſt ce long tendon que les anciens appellent la corde du tambour, ſans nous dire ſa nature, & qu'un autheur nouveau prend pour un rameau de la partie dure du nerf auditif, à qui il fait traverser entierement la membrane du tambour, sans y estre attaché : mais il n'y a pas lieu de le croire, puisque le canal osseux par où elle passe, n'est point manifestement percé dans toute sa continuité, qu'il n'a point d'autre issuë fort sensible, que le trou qui se remarque entre l'apophise mastoïde & stilloide, & qu'il est facile de remarquer, que c'est un tendon d'un muscle, dont le ventre est assez charnu pour estre apperceu.

Le second muscle naist au dessous du premier, & s'attache à la pointe de l'ètrier ; ce muscle est pris par plusieurs autheurs pour un ligament, ce qu'il n'est pas ; car si on l'examine de prés, on verra ses fibres charnuës, du côté qu'il eſt attaché à la quaiſſe du tambour. J'ay vû meſme aſſez ſouvent un rameau extremément petit de la partie dure du nerf auditif, penetrer ſa ſubſtance. Le premier de ces deux muſcles tire le marteau en arriere par ſon plus long tendon, & par le plus court, qui s'attache proche l'extremité de la plus longue apophiſe de l'enclume, il la tire vers le meſme endroit. Le ſecond tirant auſſi l'êtrier en arriere & de côté, ouvre le trou ovalaire : c'eſt par cette ouverture que l'air du tambour a communication avec celuy qui eſt contenu dans tout le labyrinthe; ce qui ne pourroit arriver, ſi le trou ovalaire eſtoit bouché par une membrane comme l'on pretend : De plus, ſi ce trou eſtoit toûjours fermé, l'air du labyrinthe ne pourroit que tres-foiblement estre agité, & ainsi il ne rendroit qu'un son fort sourd, de mesme que feroit un tambour, s'il n'avoit point de trou. L'ouverture du trou ovalaire par la base de l'etrier, ne se fait pas toûjours de mesme maniere, & j'ay observé en differens sujets, cet os avoir tantost plus de disposition à s'enfoncer dans la conque, & d'autres fois à estre élevé dans le tambour; mais de quelque façon que la chose se passe, l'air peut estre toûjours comprimé dans le labyrinthe.

Le troisiesme muscle sort de la partie anterieure de la quaisse, & s'attache à la plus petite apophise du manche du marteau qu'il tire en devant.

La quatriesme, prend son origine d'un trou qui se remarque dans le tambour, proche le canal qui va à la bouche, & s'insere par un tendon tres-fort, à la partie posterieure du manche du marteau, qui de l'autre côté est attaché à la membrane du tambour : ce qui fait, que ce muscle tirant le marteau dans le fonds de la quaisse du tambour, tire par consequent en dedans la membrane à laquelle il est attaché ; & que cette membrane en s'enfonçant, comprime l'air dans la quaisse, & le force de passer en partie par le trou ovalaire dans la conque, l'êtrier estant tiré à côté par son muscle, cependant qu'elle le chasse aussi d'un autre côté dans le canal qui va à la bouche, n'y ayant point de valvule qui s'oppose de côté ny d'autre à son passage. C'est encore par l'action de ce mesme muscle, que la teste du marteau pressant celle de l'enclume en dedans, fait que la pointe de l'enclume presse sur celle de l'êtrier, & que sa base s'enfonçant dans le trou ovalaire, comprime l'air dans la conque, qui roule en mesme temps dans les canaux du labyrinthe & dans la coquille.

La premiere cavité du labyrinthe que j'observe dans la roche, est la conque, que quelques-uns appellent son vestibule: je l'appelle conque, parce qu'elle ressemble à peu prés aux écailles d'une huistre. Cette cavité n'est point revestuë de membrane, ny les trois cercles creux du labyrinthe: elle a sept ouvertures, la premiere a communication dans le tambour, celle-là est bouchée par la base de l'étrier seulement ; c'est par ce trou que l'air externe qui passe dans le tambour par le canal qui finit dans le fond de la bouche, se communique à l'air interne qui est dans la conque, la coquille, & les canaux du labyrinthe : par la seconde ouverture, cette cavite communique dans le canal anterieur de la coquille, & par les cinq autres dans les canaux labyrinthiques : ces six ouvertures ne sont bouchées par quoy que ce soit.

La seconde cavité du labyrinthe, est la coquille, ou limaçon : C'est avec juste raison que ce nom luy a esté donné ; car à l'exterieur elle est tournée entierement comme la coquille d'un limaçon, & en represente parfaitement bien la figure. Il semble à la considerer par le dehors, qu'elle ne soit composée que d'un seul canal de deux tours & demy, separez les uns des autres par une lame d'os, qui d'un côté est unie au noyau de la coquille, & de l'autre aux parois de cette mesme cavité mais par dedans la coquille est fermée de deux canaux, l'un anterieur, & l'autre posterieur, qui sont separez l'un de l'autre, en partie, par une autre petite lame dos extremément mince, qui sort du noyau piramidal qui est au milieu de la coquille, & en partie, par une membrane qui, estant d'un côté attachée à cette petite lame osse, se, s'attache de l'autre aux parois de la coquille, & se redoublant en apres, tapisse entierement l'un & l'autre canal. La coquille en dehors, aussi bien que cette petite lame d'os, & la membrane du dedans, décrivent une ligne spirale. Les deux canaux de la coquille, à sa base ont des embouchures assez larges opposées l'une à l'autre; celle du canal anterieur est toute ouverte dans la conque, au dessous du trou ovalaire; mais celle du canal posterieur, qui aboutit dans le fonds de la quaisse du tambour, est bouchée par une membrane, qui empesche l'air du tambour de passer par cette ouverture dans la coquille, ny dans les autres cavités du labirinthe. Ces deux canaux qui sont separez l'un de l'autre à la base de la coquille, & dans toute la continuité de leurs tours, deviennent plus étroits à mesure qu'ils approchent de plus prés la pointe de la coquille, où ils se communiquent l'un avec l'autre par un trou tres-petit ; ce qui fait que l'air qui a passé du tambour, par le trou ovalaire dans la conque, & de cette cavité dans le canal anterieur de la coquille, souffre une compression fort violente, en passant par ce petit trou, d'où il retourne par un chemin contraire dans le canal posterieur, & vient frapper la membrane qui bouche son ouverture dans le tambour, & y fait apparemment la mesme impression, que l'air exterieur fait sur celle du tambour.

Si les anciens se sont trompez dans les descriptions qu'ils nous ont laissées des cavités de l'oreille, & particulierement de la coquille ; je puis vous asſurer, Monſieur, avec verité, que les modernes n'y ont pas fait de moindres fautes, quoy qu'ils ſe vantent d'avoir beaucoup mieux réüſſi. Je laiſſe en paix les premiers, pour vous entretenir un moment des ſentimens des ſeconds touchant la coquille, qui ſont fort differens. D'entr'eux les uns pour expliquer le ſon, ont avancé dans quelques conferences qu'ils ont faites, que le noyau qui eſt dans le centre de la coquille, & qui va en diminuant de ſa baſe à ſa pointe, eſt percé d'un trou conſiderable, par lequel paſſe la partie molle du nerf auditif, dont la moële ſe dilate dans la coquille, & y forme une membrane d'une nature ſemblable à celle de la rethine de l'œil : ceux-cy soutiennent aussi que cette membrane est la partie principale de l'organe de l'oüie, sur laquelle l'air agité au dedans du labirinthe, faisant impression donne occasion à l'ame de discerner les sons. Cette imagination est jolie, & vous n'auriez pas grande peine, Monsieur, à nous expliquer de quelle maniere se fait le son, si leurs sentimens estoient conformes à la verité : Il y a grande apparence qu'avant leurs conferences ils n'avoient point encore examiné l'oreille ; car pour le passage de la partie molle du nerf, par le noyau de la coquille, il auroit fallu un trou fort sensible, puisqu'elle est une fois plus grosse que la partie dure, qui en a un tres-remarquable. Ainsi, comme il eſt facile de voir, quand on conſidere l'oreille de prés, que le noyau de la coquille n'eſt point percé, quoy que la partie molle du nerf s'applique à ſa baſe, & qu'elle ne penetre point la coquille: la membrane qui s'y remarque, dont ils ne connoiſſent point la figure, ny la nature, ne peut donc eſtre produite par la dilatation de la partie molle du nerf auditif. Et comme cette membrane eſt d'une nature ſemblable à celle de toutes les autres membranes du corps, deſquelles les parties ſont ſi étroitement liées les unes avec les autres, qu'on ne les peut rompre qu avec quelque effort, & qu'au contraire la rethine de l'œil ne paroiſt qu'une humeur épaiſſie, dont les parties ſe ſeparent facilement pour peu qu'on les touche. Vray-semblablement la membrane qui est dans la coquille, n'est point la partie principale de l'organe de l'oüie, puis qu'elle n'a rien de particulier que sa figure spirale.

Les autres, au contraire de ceux-cy, n'ayans point remarqué un trou considerable, pour le passage de la partie molle du nerf auditif, nous disent dans la description qu'ils nous ont donné de l'oreille par écrit, que le noyau piramidal qui est dans le centre de la coquille, est percé d'une infinité de pores, par lesquels passent les fibres de cette partie molle, pour s'unir aux particules de l'os, & former ensemble cette petite lame d'os qui sépare en partie la coquille en deux canaux, & nous aſſurent que cette lame oſſeuſe, eſt la partie principale de l'organe de l'oüie. Par le raiſonnement de ces Meſſieurs-là, il me paroiſt qu'ils ne ſe ſont jamais donné la peine de diſſequer les os de l'oreille d'un animal nouvellement mort, dans leſquels la membrane de la coquille ſe rencontre toûjours; ou que s'ils s'en ſont ſervis pour découvrir les cavités du labirinthe, ils y ont fondu quelque corps ſolide, qui a brûlé & conſumé cette membrane de la coquille qui la diviſe en deux canaux ſéparez; ce qui leur a fait dire, qu'elle n'eſtoit composée que d'un ſeul canal de figure ovalaire: peut-eſtre auſſi ont ils pris de vieux os deſſeichez, dans leſquels cette membrane eſtoit conſommée ; ainſi ne rencontrant dans toutes les experiences qu'ils ont faites, que cette petite lame oſſeuſe qui ſort du noyau de la coquille, ſans eſtre attachée à ſa ſuperficie interne, ils nous ont aſſuré qu'elle eſtoit la partie principale de l'organe : ce qu'ils n'auroient pas avancé, s'ils euſſent découvert la membrane ; car il leur auroit eſté facile de remarquer que leur petite lame oſſeuſe, & la membrane de la coquille, ſont d'une nature tout-à-fait differente : S'ils l'avoient reconnuë, ils auroient auſſi remarqué que les deux canaux de la coquille qui ſe communiquent, comme j'ay dit, à ſa pointe, eſtant ſéparez entierement l'un de l'autre depuis cette meſme pointe juſqu'à ſa baſe, la feneſtre ronde qui se remarque dans le fond du tambour, bouchée par une membrane, n'auroit peu communiquer dans le vestibule du labirinthe, mais seulement dans le canal posterieur de la coquille. Enfin s'ils avoient observé sa membrane, ils ne se seroient pas imaginez, que les fibres de la partie molle du nerf auditif, se fussent confonduës avec les particules de l'os, pour former cette petite lame osseuse qui sort du noyau; & ils ne nous eussent point dit qu'elle est la partie principale de l'organe de l'oreille, que l'on doit avec plus d'apparence placer dans tout le labirinthe.

Par toutes les raisons que je vous allegue, Monsieur, vous pouvez juger facilement que les uns & les autres ont parlé de la coquille ſans la connoiſtre, puiſque tous n'ont point remarqué la membrane qui la diviſe en deux canaux ſeparez, & qu'ils ont cru que le noyau eſtoit percé, ce qui n'eſt pas; car il eſt facile de faire voir dans les os les plus ſecs, & les plus dépoüillez de toutes parties molles, que la liqueur la plus ſubtile verſée dans le labirinthe, ne peut paſſer de la coquille, dans la petite cavité qui reçoit la partie molle du nerf, ce qui pourtant devroit neceſſairement arriver, ſi comme pretendent tous ces Meſſieurs, cette petite cavité avoit communication, par le noyau percé dans la coquille.

La troiſiéme cavité du labirinthe, eſt composée de trois canaux, qui representent par leurs figures trois anneaux; des trois, l'un est au derriere de la partie oblongue du tambour, entre les deux autres qui sont situez à la partie posterieure interne de la roche : Ils se terminent tous dans la conque par cinq ouvertures : Le premier canal finist par son extremité superieure, dans le haut de la conque, & par son extremité inferieure, dans le bas, partie posterieure : Le second & le tr isiéme, placez l'un au dessus de l'autre, s'unissent ensemble par deux de leurs extremités, à la partie posterieure moyenne de la roche, & ne font estant unis, qu'un trou ouvert dans la partie posterieure de la con que; l'autre extremité du canal superieur est ouverte dans le haut, & celle de l'inferieur dans le bas de cette cavité. Ces trois canaux estant ouverts dans la conque, avec le canal anterieur de la coquille, l'air roule facilement dans toutes les cavités du labirinthe.

La troisiéme cavité que je remarque dans la roche, est celle qui reçoit le nerf auditif, en sortant de son principe: on la peut voir facilement, sans dissequer, ny rompre l'os, le crane estant ouvert: elle est profonde & située à la base de la coquille: Je remarque dans le fond de cette cavité, deux trous ou canaux; l'un plus étroit & plus court, & l'autre plus large & plus long: le plus court se trouve ordinairement situé dans la partie inferieure; & le plus long, dans la partie superieure de cette cavité; dans

dans le mesme fond de laquelle il y a aussi un petit espace plus enfoncé que le reste qui fait la base de la coquille, & qui represente assez bien une volute, à laquelle s'attache la partie molle du nerf auditif, sans penetrer au dedans de la coquille. De cette partie molle du nerf auditif, se détache un petit rameau, qui passe par le premier & plus petit trou, dans le centre du labirinthe, que j'appelle la conque : ce rameau se divise dans cette cavité, en cinq petites branches, qui entrent par les cinq ouvertures, dans les trois canaux circulaires qu'elles parcourent entierement. J'ay observé que ce nerf divisé sans estre rompu, est tendu dans la conque, & qu'il se glisse en filets, qui sont continus les uns avec les autres,

V.

dans les canaux labirinthiques: ce qui me fait croire que l'air entrant par le trou ovalaire dans la conque, & estant comprimé dans cette cavité par la base de l'étrier qui s'y enfonce, peut tres facilement ébranler le nerf qui s'y rencontre, & qui n'est que fort peu éloigné du cerveau; ce qui se peut faire avec d'autant plus de facilité, que cette cavité, & les canaux circulaires du labirinthe, ne sont revêtus d'aucune membrane qui puisse diminuer son mouvement.

La quatriéme cavité que j'observe dans la roche, est le second & le plus grand trou qui se remarque dans la cavité qui reçoit le nerf auditif tout entier: il commance dans sa partie superieure, & passe en montant encore un peu plus haut, entre la coquille & le canal ſuperieur du labir nthe, & deſcendant enſuite il paſſe au deſſus du trou ovalai e, entre le tambour & la conque, & finit en ſerpentant deſſous la p rtie externe de la roche, entre l'apophiſe maſtoïde & ſtiloïde. La partie dure du nerf auditif, aprés eſtre ſortie de ce trou, ſe jette à la face & au cou par pluſieurs diviſions, dont il y en a une fort remarquable, qui s'unit avec un rameau de la troiſiéme paire des anciens, qui ſort par le trou qui eſt à la partie inferieure de l'orbite.

La cinquiéme cavité que j'obſerve dans la roche, eſt le canal qui communique dans la bouche, dont je vous ay parlé en décrivant les trous du tambour.

Voilà, Monsieur, quelles sont les observations que j'ay faites sur l'oreille ; j'espere que vous me ferez quelque jour la grace de m'expliquer les usages des parties que j'y ay remarquées, & de m'enseigner la maniere dont le son se fait; car je ne suis pas satisfait de ce que j'ay lû sur cette matiere. Peut-estre que mes remarques ne satisferont pas tous ceux à qui vous pourrez les faire voir : mais s'ils ne sont point opiniâtres, & qu'ils aiment la verité toute nuë, je n'auray pas de peine à les satisfaire, pourveu qu'ils veulent bien en me faisant l'honneur de me venir voir, se contenter d'une démonstration tres-évidente.

FIN.

EXPLICATION des Figures.

Où il faut remarquer qu'en certains endroits, de peur d'obscurcir ce qu'on veut montrer. On n'a pas mis la lettre dessus, mais de la lettre on a tiré de petits points qui vont s'y rendre.

A.

REpresente le cartilage de l'oreille dépoüillé de sa peau, vû par devant.

a. *La partie superieure du cartilage.*

b. *Le bord de l'oreille.*

c. *La partie la plus enfoncée du*

cartilage ; où commence le conduit de l'oreille.

d. *Le canal cartilagineux qui va à la membrane du tambour.*

e. *La premiere intersection du cartilage, tournée en viz.*

f, f. *Deux autres intersections du cartilage, approchantes de celles de la trachée artere.*

g. *La partie du cartilage, tournée en maniere d'entonnoir, sans estre percée.*

h. *La partie du cartilage, déchirée comme une crête de coq.*

i. *La peau interne qui se trouve au bout du canal cartilagineux, & qui l'attache au trou osseux qui va à la membrane du tambour.*

B.

Represente le mesme cartilage de l'oreille, vû par derriere.

a. *La partie superieure du cartilage.*

b. *La partie la plus convexe.*

c. *Le muscle propre qui s'y attache.*

d. *La crête de coq.*

e. *Partie de la premiere intersection, tournée en viz.*

f. *La peau qui forme par derriere le canal qui va à la membrane du tambour.*

g. *L'extremité du canal ouvert.*

C.

Represente l'os de l'oreille dissequé, avec la membrane du tambour, attachée dans la rainure de l'os annulaire.

a. *La partie écailleuse.*

bb. *La roche.*

c. *L'os annulaire.*

d. *La membrane du tambour.*

e. *Le manche du marteau, qui pa-*

roist au travers de la membrane.

f. *Le canal, qui de la cavité du tambour, va dans le fond de la bouche.*

g. *Le canal osseux, par lequel passe l'artere carotide.*

h. *L'apophise zygomatique.*

i. *L'apophise stilloïde encore cartilagineuse.*

x. *La partie dure du nerf auditif qui sort hors le crane.*

D.

R presente le mesme os, la membrane ôtée, les petits os avec leurs muscles paroissans dans la caisse du tambour. Comme on n'a pû marquer les uns & les autres avec des lettres, sans broüiller la figure, on aura recours à la figure marquée K. où les mesmes os, avec leurs muscles sont expliquez.

E.

E.

Represente tout le labirinthe disseque, avec portion du canal osseux, par lequel passe la partie dure du nerf auditif.

a. *Le trou ovalaire, qui est l'entrée du centre du labirinthe appellé conque.*

b. *La coquille entierement fermée.*

c. *L'embouchûre du canal posterieur de la coquille, appelle le trou rond, bouché par une membrane, veuë, la caisse du tambour ouverte.*

d.e f. *Les trois cercles du labirinthe fermez.*

d. *Le cercle anterieur.*

e. *Le superieur.*

f. *L'inferieur.*

g *La jonction du canal superieur & inferieur.*

fe.

h. *Le canal osseux par lequel passe la partie dure du nerf auditif.*

i. *La partie dure du nerf auditif.*

F.

Represente l'os de l'oreille dissequé, vû par derriere.

a. *La partie écailleuse.*

b. b. b. *La roche.*

c. *La cavité qui reçoit le nerf auditif.*

d. *La partie molle du nerf auditif.*

e *La partie dure.*

f. *Vn rameau de la partie molle, qui entre dans la conque ou le centre du labyrinthe.*

g. *La coquille.*

h. h h. *Les trois cercles du labirinthe.*

i. *Le canal qui va à la bouche nommé aqueduc.*

k. *Le canal osseux, par lequel*

passe l'artere carotide.

l. *La teste du marteau jointe à celle de l'enclume.*

m. *Les cavités qui se remarquent dans la partie oblonque du tambour.*

G.

Represente tout le labirinthe disequé : les canaux circulaires ouverts ; & la coquille dépoüillée de sa partie osseuse exterieure.

a.a.a. *Les trois cercles du labirinthe ouverts.*

b.b.b. *Les nerfs qui les parcourent.*

c.d.e. *La coquille.*

c.d. *La membrane de la coquille dans ces deux tours, tapissant l'un & l'autre canal*

e. *L'extremité du canal anterieur à la pointe de la coquille.*

f. *Le petit trou qui communique dans le canal posterieur.*

g. *Le trou par où passe la partie dure, pour se jetter dans le canal osseux.*

h *Le canal osseux.*

i. *Le trou ovalaire.*

K. *L'embouchûre du canal posterieur de la coquille, bouché par sa membrane.*

H.

Represente la coquille ouverte, dans laquelle paroist la lame osseuse, qui sert de son noyau, & la partie de la membrane qui la divise en deux canaux separez. La conque aussi ouverte, dans laquelle se voit un rameau de la partie molle du nerf auditif, qui jette cinq branches dans les canaux circulaires.

a. *La lame osseuse.*

b. *La membrane qui separe les deux canaux de la coquille.*

c. *Le nerf qui se jette dans les canaux.*

d. *Le trou par lequel passe la partie dure du nerf auditif.*

e. *Le trou du canal posterieur de la coquille, bouché par une membrane.*

I.

Represente les trois cercles du labirinthe, separez du reste du labirinthe, avec leur cinq embouchûres qui aboutissent dans la conque.

a. *L'emboucheure du canal superieur & inferieur, joints ensemble par une de leurs extremitez.*

b. *Autre extremité du canal superieur.*

EXPLICATION.

B. *Autre extremité du canal inferieur.*

d.d. *Les extremitez du canal anterieur.*

e. *Le centre de la conque.*

K.

Represente les petits os de l'oreille articulés ensemble, & leurs muscles, qui sont vûs dans la quatriéme figure.

a.a.a. *L'enclume.*

b.b. *Le marteau.*

c. *L'estrier.*

d. *Le muscle posterieur qui se divise en deux tendons, dont le plus long; s'inserè entre la teste & le manche du marteau, & le plus court, à la plus longue apophise de l'enclume.*

e. *Le muscle de l'étrier.*

f. *Le muscle anterieur du marteau.*

g. Le muscle posterieur du marteau.

L.

Represente l'enclume.

a. La teste de l'enclume.

b. La partie par laquelle elle est articulée avec le marteau.

c. La plus courte de ses apophises.

d. La plus longue.

e. L'os lenticulaire qui y est attaché.

M.

Represente l'étrier.

a. La pointe de l'étrier, avec sa cavité.

b.b. Sa base.

c. La membrane qui le bouche.

N.

Represente le marteau.

a. La teste du marteau.

b. La partie par laquelle il s'articule avec l'enclume.

EXPLICATION DES FIGURES.

c.c. Le *manche du marteau.*

O.

Represente l'os annulaire.

a. La *partie convexe.*

b. La *rainure qui se remarque en dedans.*

FIN.

DESCRIPTION DE L'OREILLE DE L'HOMME.

APPROBATION.

SUr le rapport de Meſſieurs Moreau & Rainſſant, Docteurs en Medecine, qui ont lû & examiné la Lettre du Sieur Mery Chirurgien de l'Hoſtel-Dieu de Paris, contenant la Deſcription de l'oreille, la Faculté conſent qu'elle ſoit imprimée. A Paris ce 3. Juin 1681.

LIENARD.
Doyen de la Faculté de Medecine de Paris.

PERMISSION.

VEu l'Approbation, permis d'imprimer. Fait ce 4. de Juin 1681.

DE LA REYNIE.

B A

E

D

del.

B
A
a
a
b
b
c
d
h
C
d
g
h
f
i
E
e
h
d
i
g
f
f
b
D
c
a
i
i
k
Guerard del.

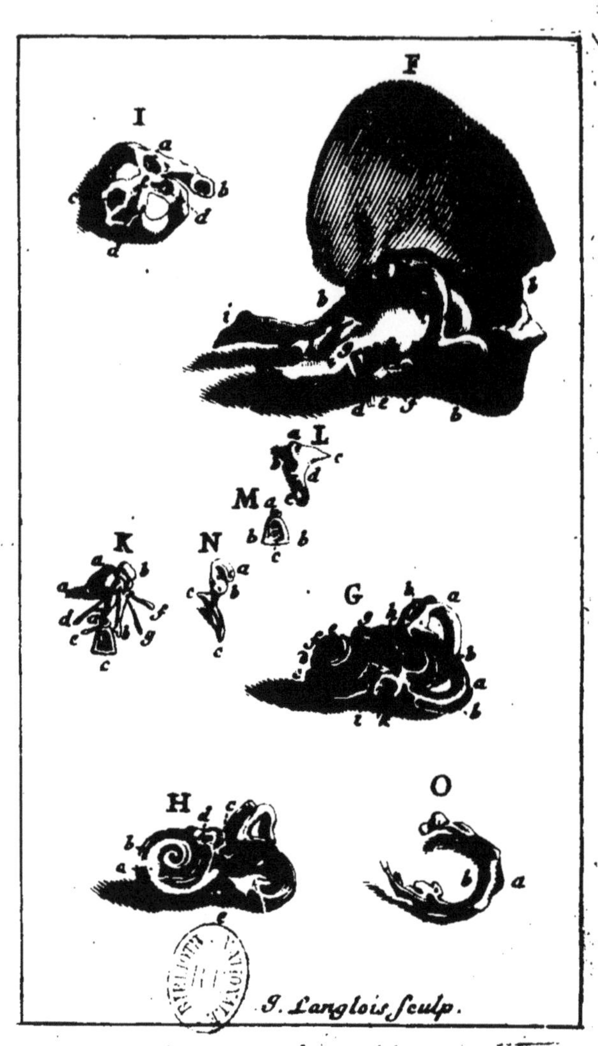
F
I
L
M
K
N
G
H
O
J. Langlois sculp.

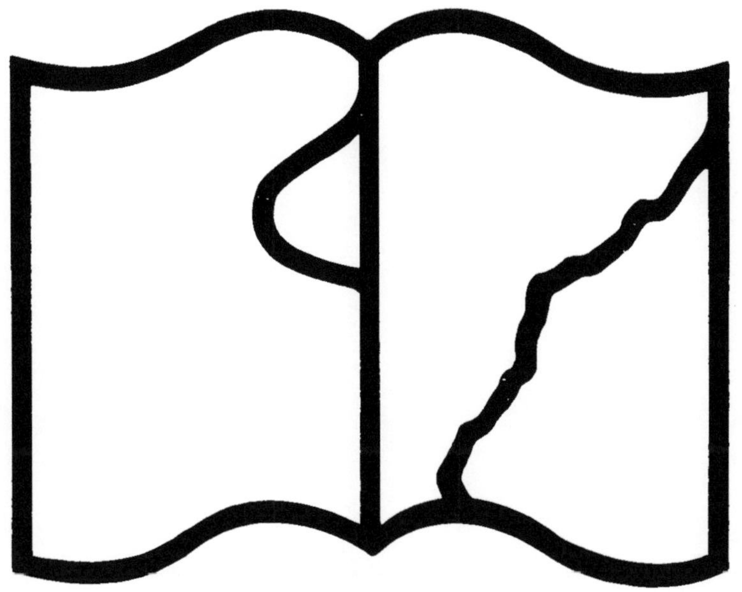

www.ingramcontent.com/pod-product-compliance
Ingram Content Group UK Ltd.
Pitfield, Milton Keynes, MK11 3LW, UK
UKHW020610230726
13926UKWH00005B/2302